Wolfgang Riemer / Harald Scheid

Abiturwissen

Lineare Algebra und Analytische Geometrie

Ernst Klett Verlag

Herausgeber von Abiturwissen, Themenbereich Mathematik,
ist Prof. Harald Scheid

CIP-Kurztitelaufnahme der Deutschen Bibliothek

Riemer, Wolfgang:
Abiturwissen: lineare Algebra u. analyt. Geometrie /
Wolfgang Riemer; Harald Scheid. –
1. Aufl. – Stuttgart: Klett, 1985.
(Abiturwissen: Themenbereich Mathematik)
ISBN 3-12-929521-6

NE: Scheid, Harald:

ISBN 3-12-929521-6

1. Auflage 1985

Printed in Germany
Satz: Zechnersche Buchdruckerei, Speyer
Grafiken: I. Kohler, Stuttgart
Druck: W. Röck, Weinsberg
Einbandgestaltung: Zembsch' Werkstatt, München

Inhalt

Im **Hauptteil** wird eine systematische Darstellung der linearen Algebra und der analytischen Geometrie gegeben, soweit sie Gegenstand des Unterrichts der Kollegstufe sind. Im **Glossar** findet man Ergänzungen, weiterführende Erläuterungen und begriffliche Vertiefungen. Der **Index** stellt in gewisser Weise den Schlüssel zur Benutzung des Buches dar: Sucht man Informationen über einen Begriff, so verweist der Index auf diejenige Stelle im Hauptteil oder im Glossar, wo dieser Begriff behandelt wird. Durch **Fettdruck** wird auf das entsprechende Stichwort im Glossar hingewiesen.
Kurven zweiter Ordnung spielen oft keine große Rolle mehr im Schulunterricht. Sie sind aber in technischen und physikalischen Anwendungsbereichen der Mathematik derart bedeutsam, daß ihre Rückkehr in die Schulmathematik unvermeidbar erscheint. Aus diesem Grunde werden sie in Kapitel 7 behandelt.

Symbolverzeichnis

$:=$	definitionsgemäß gleich
$\approx$	näherungsweise gleich
$\Rightarrow$	Implikation, wenn ..., dann
$\Leftrightarrow$	Äquivalenz, genau dann ..., wenn ...
$:\Leftrightarrow$	definitionsgemäß äquivalent
$\parallel$	Parallelität
$\perp$	Orthogonalität
⊾	rechter Winkel
$x \in M$	x ist Element der Menge M
$x \notin M$	x ist nicht Element von M
$\emptyset$	leere Menge
$\{x \in M \mid A(x)\}$	Lösungsmenge der Aussageform A(x) über M
$A \subseteq B$	A ist Teilmenge von B
$A \cup B$	Vereinigungsmenge von A und B
$A \cap B$	Schnittmenge von A und B
$A \setminus B$	Differenzmenge A ohne B
$A \times B$	Paarmenge zu A und B

$\|a\|$	Betrag der Zahl a
$\sum$	Summenzeichen
$\sum_{i=1}^{n} a_i$	$a_1 + a_2 + \ldots + a_n$
$\sum_{i=1}^{\infty} a_i$	Reihe
$\mathbb{N}$	Menge der natürlichen Zahlen
$\mathbb{N}_0$	$\mathbb{N} \cup \{0\}$
$\mathbb{Z}$	Menge der ganzen Zahlen
$\mathbb{Q}$	Menge der rationalen Zahlen
$\mathbb{R}$	Menge der reellen Zahlen
$\mathbb{R}^+$	Menge der positiven reellen Zahlen
$\mathbb{R}_0^+$	$\mathbb{R}^+ \cup \{0\}$
$(a\|b)$	Punkt
$[a; b]$	abgeschlossenes Intervall
$[a; b[$, $]a; b]$	halboffene Intervalle
$]a; b[$	offenes Intervall
PQ	Strecke zwischen den Punkten P und Q
(P, Q)	Pfeil von P nach Q
$\overrightarrow{PQ}$	Vektor zum Pfeil (P, Q)
g_{PQ}	Gerade durch P und Q
$\overline{PQ}$	Länge der Strecke PQ
$\|\overrightarrow{PQ}\|$	Norm des Vektors $\overrightarrow{PQ}$
$\vec{a}, \vec{b}, \vec{x}, \vec{y}, \ldots$	Vektoren
$\lambda, \mu, \nu, \varkappa, \ldots$	reelle Zahlen (Skalare)
V	Vektorraum
dim (V)	Dimension des Vektorraumes V
V_h	homogener Lösungsraum eines linearen Gleichungssystems
$\langle\ \rangle$	lineare Hülle
$v \oplus U$	lineare Mannigfaltigkeit
V_2, V_3	Vektorräume der Pfeilklassen in Ebene und Raum
$\mathbb{R}^n$	Vektorraum der n-Tupel reeller Zahlen
$\mathbb{R}^\infty$	Vektorraum der reellen Zahlenfolgen
l_2	Unterraum der quadratisch konvergenten Folgen
(a_n)	Folge aus $\mathbb{R}^\infty$
$\lim\limits_{n \to \infty} a_n$	Grenzwert der Folge (a_n)
$f: A \to B$	Abbildung (Funktion) von A in B
$f: a \mapsto b$	f ordnet dem Element a das Element b zu
D_f	Definitionsmenge von f
$f \circ g$	f verkettet mit g, f nach g
f'	erste Ableitung von f
f''	zweite Ableitung von f
$f^{(n)}$	n-te Ableitung von f
$\int_a^b f(x)\,dx$	Integral von f über [a; b]
F(D)	Vektorraum der über D definierten reellen Funktionen
$C^n(I)$	Vektorraum der n mal differenzierbaren Funktionen mit stetiger n-ter Ableitung über dem Intervall I
A, B, ...	Matrizen
A^T	Transponierte der Matrix A
$\|A\|$, det (A)	Determinante der Matrix A
rg (A)	Rang der Matrix A
$\vec{a} \cdot \vec{b}$	Skalarprodukt
$\vec{a} \times \vec{b}$	Vektorprodukt
e	Eulersche Zahl
π	Kreiszahl

1 Vektorräume

1.1 Beispiele für Vektorräume

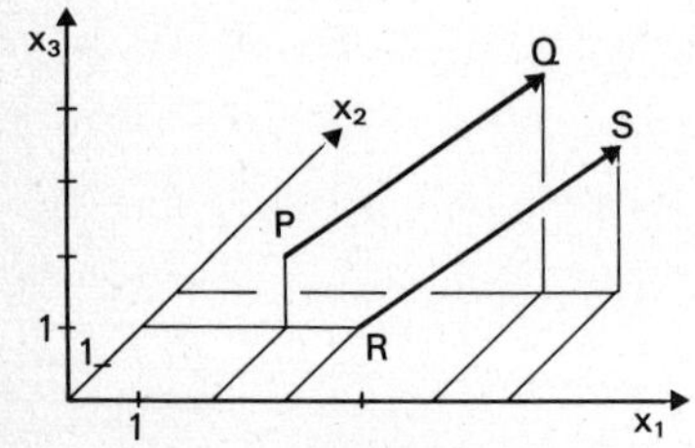

$P=(2|2|1)$, $Q=(5|3|3)$,
$R=(3|2|0)$, $S=(6|3|2)$,
$\overrightarrow{PQ}=\overrightarrow{RS}$

1

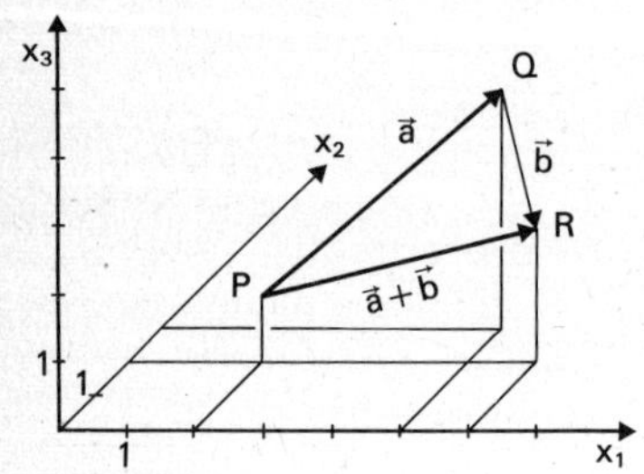

$P=(2|2|1)$, $Q=(5|3|3)$,
$R=(6|2|2)$

2

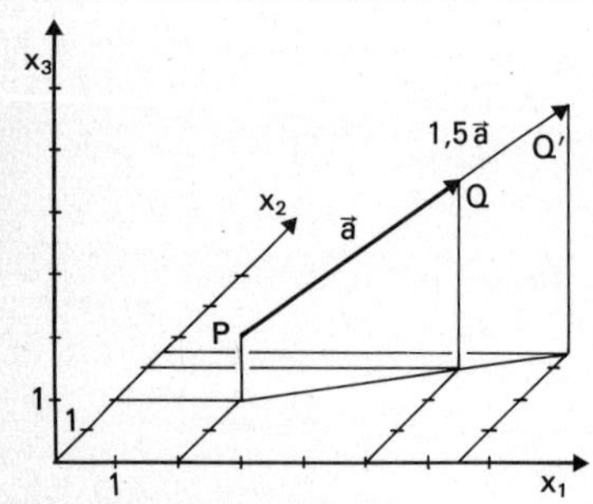

$P=(2|2|1)$, $Q=(5|3|3)$,
$Q'=(6{,}5|3{,}5|4)$

3

Beispiel 1 (Der Vektorraum V_3 der Pfeilklassen): Zwei Punkte P und Q im Anschauungsraum bestimmen einen Pfeil, den wir (vorübergehend) mit (P, Q) bezeichnen. Zwei Pfeile heißen äquivalent (Symbol $\sim$), wenn sie gleiche Länge, gleiche Richtung und gleiche **Orientierung** haben. Die Menge aller zu (P, Q) äquivalenten Pfeile bildet eine *Pfeilklasse*. Diese bezeichnen wir mit $\overrightarrow{PQ}$. Es ist also

$$\overrightarrow{PQ}=\{(X, Y)\,|\,(X, Y)\sim(P, Q)\}.$$

Es gilt:

$$\overrightarrow{PQ}=\overrightarrow{RS} \Leftrightarrow (P, Q)\sim(R, S).$$

Ist

$$P=(p_1|p_2|p_3),\quad Q=(q_1|q_2|q_3),$$
$$R=(r_1|r_2|r_3),\quad S=(s_1|s_2|s_3),$$

dann gilt (vgl. Abb. 1)

$$\overrightarrow{PQ}=\overrightarrow{RS} \Leftrightarrow$$
$$q_1-p_1=s_1-r_1,\quad q_2-p_2=s_2-r_2,$$
$$q_3-p_3=s_3-r_3.$$

Als Variable für Pfeilklassen benutzen wir auch $\vec{a}, \vec{b}, \ldots$ Pfeilklassen $\vec{a}, \vec{b}$ kann man addieren: Zu einem beliebigen Punkt Q gibt es Punkte P und R mit $\vec{a}=\overrightarrow{PQ}$ und $\vec{b}=\overrightarrow{QR}$. Dann schreiben wir

$$\vec{a}+\vec{b}:=\overrightarrow{PR}$$

(vgl. Abb. 2). Eine Pfeilklasse $\vec{a}$ kann man auch mit einer reellen Zahl λ vervielfachen: Ist $\vec{a}=\overrightarrow{PQ}$ und entsteht Q′ durch zentrische Streckung mit dem Zentrum P und dem Streckfaktor λ, dann setzen wir (vgl. Abb. 3)

$$\lambda\vec{a}:=\overrightarrow{PQ'}.$$

Mit der Addition und der Vervielfachung ist die Menge V_3 der Pfeilklassen im Anschauungsraum ein Beispiel für einen *Vektorraum.* Einen *Vektor* (also eine Pfeilklasse) aus V_3 kann man auch als *Verschiebung* deuten: Die Verschiebung $\overrightarrow{PQ}$ bildet P auf Q ab. Der Addition der Vektoren entspricht dann die Verkettung (Hintereinanderausführung) der zugehörigen Verschiebungen. Analog zu V_3 werden die Vektorräume V_2 und V_1 der Pfeilklassen in der Ebene und in der Geraden definiert.

Beispiel 2 (Der Vektorraum $\mathbb{R}^n$ der n-Tupel reeller Zahlen): Die Vektoren des $\mathbb{R}^n$ sind n-Tupel reeller Zahlen, sie werden stellenweise addiert, ihre Vervielfachung mit reellen Zahlen geschieht ebenfalls stellenweise (Abb. 4). Die Beziehung zu Beispiel 1 wird dadurch hergestellt, daß jeder Pfeilklasse $\overrightarrow{PQ}$ durch die Koordinatendifferenzen der Endpunkte eines zugehörigen Pfeils ein Zahlentripel (also ein Vektor des $\mathbb{R}^3$) umkehrbar eindeutig zugeordnet wird. Der Summe zweier Pfeilklassen ist die Summe der zugehörigen Zahlentripel zugeordnet; dem λ-fachen einer Pfeilklasse ist auch das λ-fache des zugehörigen Zahlentripels zugeordnet (Abb. 5). Der Vektorraum V_3 kann somit als eine geometrische Interpretation des Vektorraumes $\mathbb{R}^3$ aufgefaßt werden, und $\mathbb{R}^3$ als analytische Interpretation des V_3.

Beispiel 3 (**Funktionenräume** als Verallgemeinerung des $\mathbb{R}^3$): Einen Vektor des $\mathbb{R}^3$ können wir als Funktion mit der Definitionsmenge $D:=\{1, 2, 3\}$ interpretieren: Jeder der Zahlen 1, 2, 3 wird eine reelle Zahl x_1, x_2, x_3 als Bild zugeordnet. Entsprechend ist ein Vektor aus $\mathbb{R}^n$ eine Funktion mit der Definitionsmenge $D:=\{1, 2, \dots, n\}$. Eine Funktion mit der Definitionsmenge $D:=\mathbb{N}$ und Werten in $\mathbb{R}$ ist eine *Folge reeller Zahlen.* In der Analysis betrachtet man Funktionen mit einer beliebigen Teilmenge D von $\mathbb{R}$ als Definitionsmenge und Werten in $\mathbb{R}$. Diese kann man ebenso wie die Vektoren aus $\mathbb{R}^3$ addieren (Abb. 6) und mit reellen Zahlen vervielfachen:

$$(f+g)(x) := f(x)+g(x),$$

$$(\lambda f)(x) := \lambda f(x).$$

$$\vec{a}=\begin{pmatrix}2\\3\\-1\end{pmatrix},\quad \vec{b}=\begin{pmatrix}1\\-2\\4\end{pmatrix}$$

$$\vec{a}+\vec{b}=\begin{pmatrix}3\\1\\3\end{pmatrix},\quad 2\vec{a}=\begin{pmatrix}4\\6\\-2\end{pmatrix}$$

Beispiel für $n=3$

4

vgl. Abb. 2 und Abb. 3:
$P=(2|2|1)$, $Q=(5|3|3)$,
$R=(6|2|2)$, $Q'=(6{,}5|3{,}5|4)$

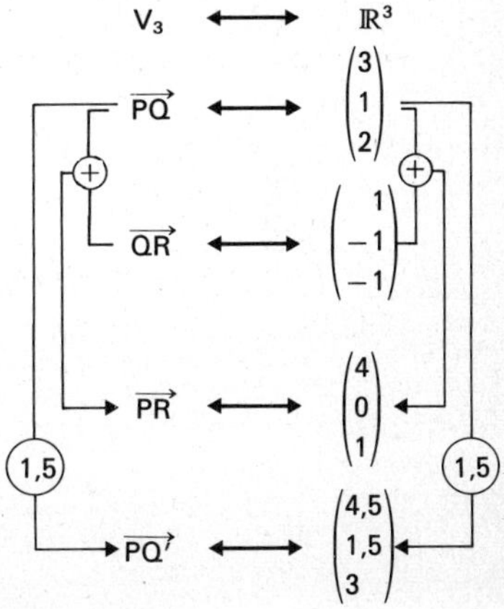

5

$f(x)=x^3$, $g(x)=-x$,
$(f+g)(x)=x^3-x$
$D=\mathbb{R}$

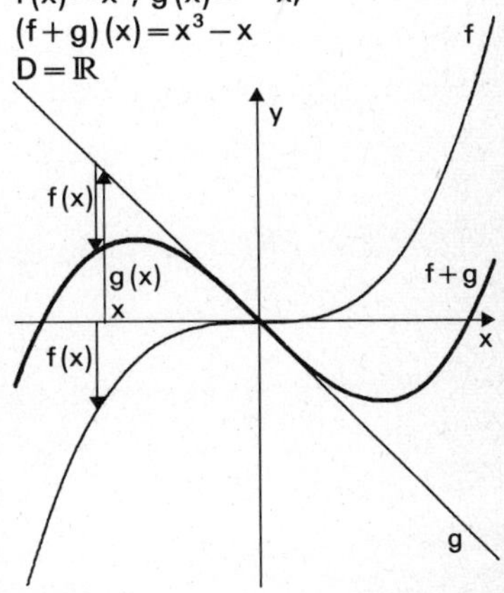

6

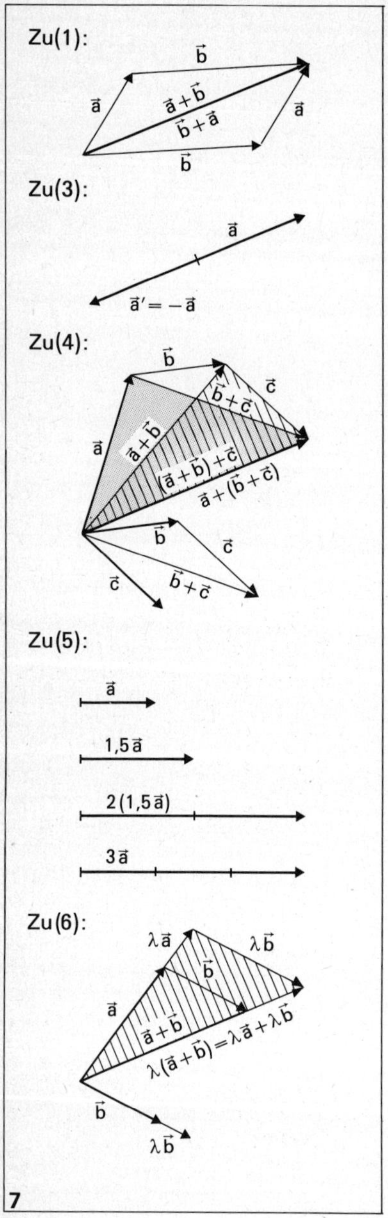

7

Die Menge aller Funktionen auf D bezeichnen wir mit F(D). Beispielsweise ist F(]a; b[) die Menge aller Funktionen auf dem offenen Intervall]a; b[.

1.2 Vektorraumaxiome und Folgerungen

Auf den ersten Blick scheinen Pfeilklassen und Funktionen über einem festen Intervall nicht viel miteinander zu tun zu haben. Die Gemeinsamkeiten zeigen sich erst, wenn man die Rechengesetze aufschreibt, die für beide Objekte gelten.
Gegeben ist stets

(i) *eine Menge* V;
(ii) *eine Addition* +, die je zwei Elementen aus V ein drittes als Summe zuordnet;
(iii) *eine Vervielfachung* mit reellen Zahlen.

Dabei gelten folgende Regeln:

(1) *Kommutativgesetz:*
Für alle $\vec{a}, \vec{b} \in V$ gilt $\vec{a}+\vec{b}=\vec{b}+\vec{a}$.
(2) *Existenz des neutralen Elementes:*
Es gibt ein $\vec{n} \in V$, so daß $\vec{a}+\vec{n}=\vec{a}$ für alle $\vec{a} \in V$ gilt.
(3) *Existenz der inversen Elemente:*
Zu jedem $\vec{a} \in V$ gibt es ein $\vec{a}' \in V$, so daß $\vec{a}+\vec{a}'=\vec{n}$ gilt.
(4) *Assoziativgesetz:*
Für alle $\vec{a}, \vec{b}, \vec{c} \in V$ gilt $(\vec{a}+\vec{b})+\vec{c}=\vec{a}+(\vec{b}+\vec{c})$.
(5) Für alle $\lambda, \mu \in \mathbb{R}, \vec{a} \in V$ gilt $(\lambda\mu)\vec{a}=\lambda(\mu\vec{a})$.
(6) Für alle $\lambda \in \mathbb{R}, \vec{a}, \vec{b} \in V$ gilt $\lambda(\vec{a}+\vec{b})=\lambda\vec{a}+\lambda\vec{b}$.
(7) Für alle $\lambda, \mu \in \mathbb{R}, \vec{a} \in V$ gilt $(\lambda+\mu)\vec{a}=\lambda\vec{a}+\mu\vec{a}$.
(8) Für alle $\vec{a} \in V$ gilt $1\vec{a}=\vec{a}$.

Die Gesetze (1)-(4) besagen, daß V bezüglich der Addition eine kommutative **Gruppe** ist.
Sind außerdem für die Vervielfachung Regeln (5)-(8) erfüllt, dann nennen wir V bezüglich der

Addition und der Vervielfachung einen $\mathbb{R}$-**Vektorraum.** Die Elemente von V heißen dann *Vektoren,* die Elemente von $\mathbb{R}$ nennt man zur Unterscheidung *Skalare.*
Statt $\vec{n}$ schreibt man $\vec{o}$ *(Nullvektor),* statt $\vec{a}'$ schreibt man $-\vec{a}$ *(Gegenvektor),* für $\vec{a}+(-\vec{b})$ schreibt man kürzer $\vec{a}-\vec{b}$. Benutzt man statt $\mathbb{R}$ einen anderen *Körper* K (etwa die rationalen Zahlen oder die komplexen Zahlen), dann spricht man von K-Vektorräumen. Wir werden uns jedoch nur mit $\mathbb{R}$-Vektorräumen beschäftigen, die wir kurz Vektorräume nennen.

Bemerkung: In 1.1 Beispiel 1 bis 3 erfüllen V_3, $\mathbb{R}^n$ und $F(]a;b[)$ die Gesetze (1) bis (8). Es handelt sich somit um Vektorräume, und es war gerechtfertigt, die auftretenden Elemente als „Vektoren" zu bezeichnen.

Gegenbeispiel: Würde man in dem Funktionenraum $F(\mathbb{R})$ aus 1.1, Beispiel 3 die Vervielfachung mit reellen Zahlen λ nicht durch $(\lambda f)(x) := \lambda f(x)$, sondern durch $(\lambda f)(x) := f(\lambda x)$ erklären (Abb. 8), dann wären alle Gesetze bis auf (7) erfüllt. Regel (7) gilt nicht, weil die Terme

$$((\lambda+\mu)f)(x) = f((\lambda+\mu)x) = f(\lambda x + \mu x)$$

und

$$(\lambda f)(x) + (\mu f)(x) = f(\lambda x) + f(\mu x)$$

im allgemeinen voneinander verschieden sind. Davon kann man sich leicht anhand des Terms $f(x)=x^2$ überzeugen. Die Menge $F(\mathbb{R})$ bildet hier also keinen Vektorraum.

Folgerungen aus den Vektorraumaxiomen:
Unabhängig von der speziellen Form des Vektorraumes lassen sich – allein aus den Axiomen (1) bis (8) – folgende oft benutzte Regeln ableiten:

(9) Für alle $\lambda \in \mathbb{R}$, $\vec{a} \in V$ gilt
$\lambda\vec{a} = \vec{o} \Leftrightarrow \lambda = 0$ oder $\vec{a} = \vec{o}$.
(10) Für alle $\lambda \in \mathbb{R}$, $\vec{a} \in V$ gilt
$\lambda(-\vec{a}) = (-\lambda)\vec{a} = -(\lambda\vec{a})$.

„Normale" Vervielfachung: Streckung in y-Richtung
$g_1(x) := (2f)(x) = 2f(x)$

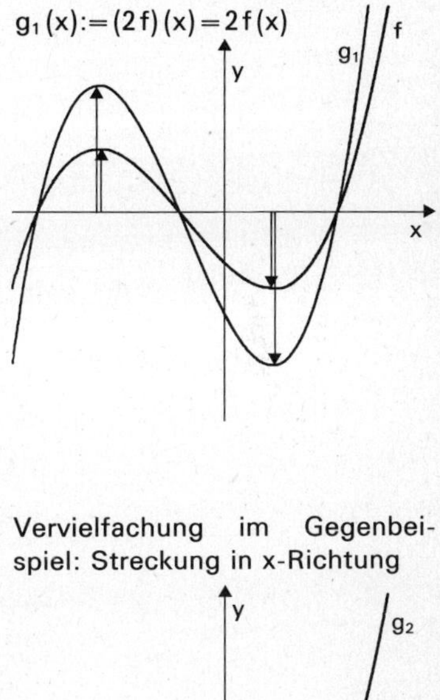

Vervielfachung im Gegenbeispiel: Streckung in x-Richtung

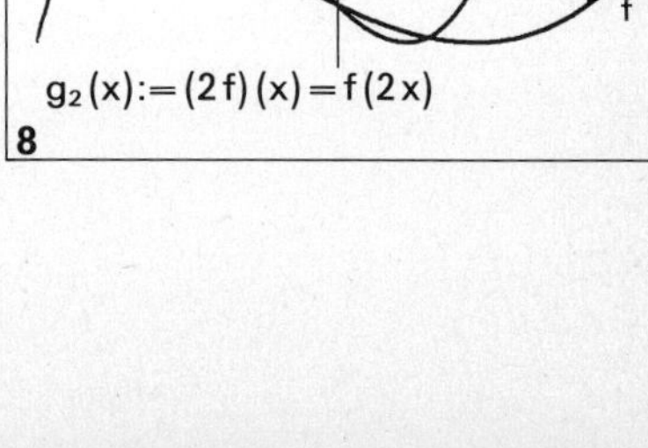

$g_2(x) := (2f)(x) = f(2x)$
8

Beweis zu (9) „von rechts nach links":
Es gilt

$$\lambda\vec{o}=\lambda(\vec{o}+\vec{o})=\lambda\vec{o}+\lambda\vec{o}, \quad \text{also}$$
$$\vec{o}=\lambda\vec{o}-\lambda\vec{o}=\lambda\vec{o}.$$

Ferner gilt

$$0\vec{a}=(0+0)\vec{a}=0\vec{a}+0\vec{a}, \quad \text{also}$$
$$\vec{o}=0\vec{a}-0\vec{a}=0\vec{a}.$$

Beweis zu (9) „von links nach rechts":
Ist $\lambda \neq 0$, dann gilt

$$\vec{a}=1\vec{a}=\left(\lambda\frac{1}{\lambda}\right)\vec{a}=\frac{1}{\lambda}(\lambda\vec{a})=\frac{1}{\lambda}\vec{o}=\vec{o}.$$

Beweis zu (10):
Wegen

$$\lambda\vec{a}+(-\lambda)\vec{a}=(\lambda+(-\lambda))\vec{a}=0\vec{a}=\vec{o}$$

folgt die zweite Gleichung von (10):

$$(-\lambda)\vec{a}=-(\lambda\vec{a}).$$

Hieraus ergibt sich für $\lambda=1$

$$-\vec{a}=-(1\vec{a})=(-1)\vec{a}$$

und damit wegen

$$\lambda(-\vec{a})=\lambda((-1)\vec{a})=(\lambda(-1))\vec{a}=(-\lambda)\vec{a}$$

auch die erste Gleichung von (10).

1.3 Untervektorräume, lineare Mannigfaltigkeiten, Erzeugendensysteme

Auf die Begriffe „Untervektorraum" (kurz „Unterraum") und „lineare Mannigfaltigkeit" eines Vektorraumes wird man etwa durch das Studium linearer Gleichungen geführt. Schon im Vorgriff auf Kapitel 2 sei hier angemerkt, daß die Lösungsmengen homogener linearer Gleichungssysteme Unterräume, die Lösungsmengen inhomogener linearer Gleichungssysteme Mannigfaltigkeiten darstellen.

> Eine nichtleere Teilmenge U eines Vektorraumes V heißt *Unterraum* (von V) genau dann, wenn gilt:
> (1) Für alle $\vec{a}, \vec{b} \in U$ ist $\vec{a} + \vec{b} \in U$.
> (2) Für alle $\lambda \in \mathbb{R}$, $\vec{a} \in U$ ist $\lambda\vec{a} \in U$.

U bildet dann mit den Verknüpfungen von V selbst wieder einen Vektorraum.

> Eine nichtleere Teilmenge M eines Vektorraumes V heißt *lineare Mannigfaltigkeit* (in V), wenn es einen Unterraum U von V gibt, so daß $\vec{x} - \vec{y} \in U$ für alle $\vec{x}, \vec{y} \in M$. Dann gibt es einen Vektor $\vec{a} \in V$ *(Stützvektor)* derart, daß zu jedem $\vec{x} \in M$ genau ein $\vec{u} \in U$ mit $\vec{x} = \vec{a} + \vec{u}$ existiert. Kurzschreibweise: $M = \vec{a} \oplus U$.

Die Untervektorräume sind genau die linearen Mannigfaltigkeiten mit dem Stützvektor $\vec{a} = \vec{o}$.

Beispiel 1: $U := \left\{ \begin{pmatrix} x_1 \\ x_2 \\ x_3 \end{pmatrix} \in \mathbb{R}^3 \middle| x_3 = 0 \right\}$ ist ein Unterraum von $\mathbb{R}^3$, der mit $\mathbb{R}^2$ identifiziert werden kann (Abb. 9).

Beispiel 2: $M_1 := \left\{ \begin{pmatrix} x_1 \\ x_2 \\ x_3 \end{pmatrix} \in \mathbb{R}^3 \middle| x_3 = 3 \right\}$ ist eine lineare Mannigfaltigkeit in $\mathbb{R}^3$ mit dem Stützvektor $\begin{pmatrix} 0 \\ 0 \\ 3 \end{pmatrix}$ (Abb. 9).

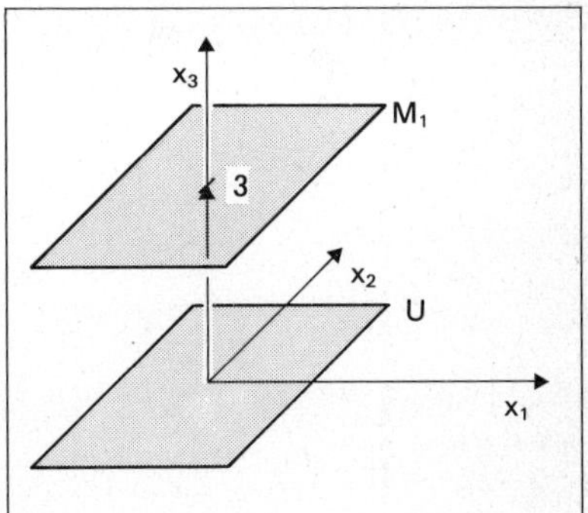

9

Beispiel 3: $M_2 := \left\{ \begin{pmatrix} x_1 \\ x_2 \\ x_3 \end{pmatrix} \in \mathbb{R}^3 \middle| x_1 = 3 \text{ und } x_3 = 4 \right\}$ ist eine lineare Mannigfaltigkeit mit dem Stützvektor

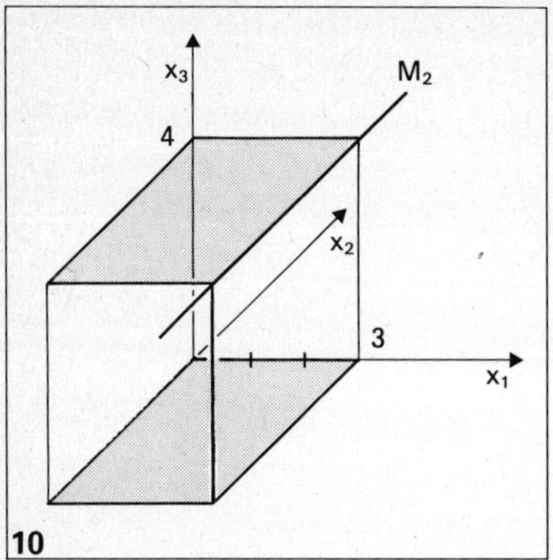

10

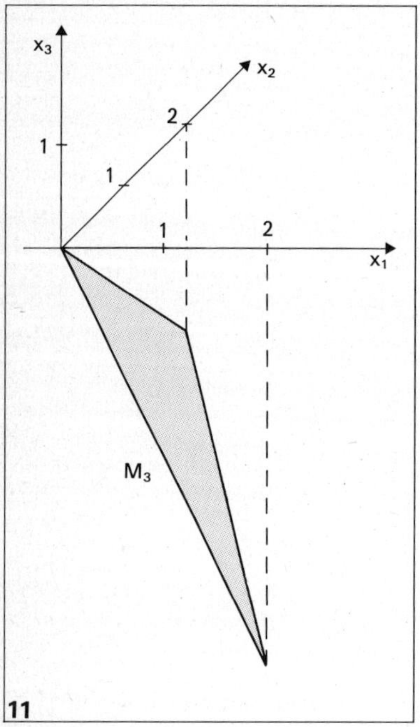

11

$\begin{pmatrix}3\\0\\4\end{pmatrix}$ zu dem Unterraum $\left\{\begin{pmatrix}x_1\\x_2\\x_3\end{pmatrix} \in \mathbb{R}^3 \middle| x_1 = x_3 = 0\right\}$ (Abb. 10).

Beispiel 4: $M_3 := \left\{\begin{pmatrix}x_1\\x_2\\x_3\end{pmatrix} \in \mathbb{R}^3 \middle| 2x_1 + x_2 + x_3 = 0\right\}$ ist ein Unterraum von $\mathbb{R}^3$ (Abb. 11).

Beispiel 5: Die Menge $\{\vec{o}\}$, die nur aus dem Nullvektor $\vec{o} \in V$ besteht, ist ein Unterraum von V (Nullraum).

Beispiel 6: Es sei $A\vec{x} = \vec{c}$ ein lineares Gleichungssystem mit m Gleichungen und n Variablen (vgl. 2.1). Dann ist

$$M := \{\vec{x} \in \mathbb{R}^n | A\vec{x} = \vec{c}\}$$

eine lineare Mannigfaltigkeit in $\mathbb{R}^n$. Ist $\vec{c} = \vec{o}\,(\in \mathbb{R}^m)$, dann ist diese ein Unterraum von $\mathbb{R}^n$.

Beispiel 7: Es sei $C^1(]a; b[)$ der Vektorraum aller auf $]a; b[$ differenzierbaren Funktionen f, wobei die Ableitung f′ stetig sein soll. Dann ist

$$V := \{f \in C^1(]a; b[) | f' = 0\}$$

der Unterraum aller auf $]a; b[$ konstanten Funktionen. Die lineare Mannigfaltigkeit

$$M := (x \mapsto 3x) \oplus V$$

besteht aus allen Funktionen der Form $f\colon x \mapsto 3x + k$ mit $k \in \mathbb{R}$ und $D_f =]a; b[$.

Beispiel 8: $V := \{f \in C^1(\mathbb{R}) | f' = f\}$ ist ein Unterraum von $C^1(\mathbb{R})$. Er besteht aus allen Funktionen $f\colon x \mapsto c\,e^x$ mit $c \in \mathbb{R}$ und $D_f = \mathbb{R}$.

Beispiel 9: Die Menge aller konvergenten Zahlenfolgen bildet einen Unterraum U von $\mathbb{R}^\infty$, dem Vektorraum aller Zahlenfolgen. Die Menge V aller Nullfolgen bildet einen Unterraum von U, die Menge M aller Folgen mit dem Grenzwert 3 bildet eine lineare Mannigfaltigkeit in U. Es gilt $M = (n \mapsto 3) \oplus V$.

Unter Hinweis auf 6.1 bemerken wir, daß in obigen Beispielen lineare Abbildungen eine Rolle spielen:

Beispiel 1: $\phi\colon \mathbb{R}^3 \mapsto \mathbb{R}^1$ mit $\begin{pmatrix} x_1 \\ x_2 \\ x_3 \end{pmatrix} \mapsto x_3$

Beispiel 3: $\phi\colon \mathbb{R}^3 \mapsto \mathbb{R}^2$ mit $\begin{pmatrix} x_1 \\ x_2 \\ x_3 \end{pmatrix} \mapsto \begin{pmatrix} x_1 \\ x_3 \end{pmatrix}$

Beispiel 4: $\phi\colon \mathbb{R}^3 \mapsto \mathbb{R}^1$ mit $\begin{pmatrix} x_1 \\ x_2 \\ x_3 \end{pmatrix} \mapsto 2x_1 + x_2 + x_3$

Beispiel 6: $\phi\colon \mathbb{R}^n \mapsto \mathbb{R}^m$ mit $\vec{x} \mapsto A\vec{x}$

Beispiel 7: $\phi\colon C^1(]a;b[) \mapsto C^0(]a;b[)$ mit $f \mapsto f'$

Beispiel 8: $\phi\colon C^1(\mathbb{R}) \to C^0(\mathbb{R})$ mit $f \mapsto f - f'$

Beispiel 9: $\phi\colon U \to \mathbb{R}$ mit $(a_n) \mapsto \lim\limits_{n\to\infty} a_n$.

(Dabei ist $C^0(]a;b[)$ in den Beispielen 7 und 8 der Vektorraum aller auf dem offenen Intervall $]a;b[$ stetigen Funktionen.) Die Beispiele belegen: Die Urbildmenge des Nullvektors ist stets ein Unterraum des Ausgangsraumes, die Urbildmenge eines beliebigen anderen Vektors ist stets eine lineare Mannigfaltigkeit des Ausgangsraumes.

Beispiel 10:

Mit den Vektoren $\vec{a} = \begin{pmatrix} 1 \\ -1 \\ -1 \end{pmatrix}$, $\vec{b} = \begin{pmatrix} 0 \\ 1 \\ -1 \end{pmatrix}$ und $\vec{c} = \begin{pmatrix} 2 \\ -1 \\ -3 \end{pmatrix}$, die die Gleichung $2x_1 + x_2 + x_3 = 0$ lösen, lösen auch alle Vektoren der Form

$$\vec{d} = \lambda\vec{a} + \mu\vec{b} + \nu\vec{c} = \begin{pmatrix} \lambda \quad + 2\nu \\ -\lambda + \mu - \nu \\ -\lambda - \mu - 3\nu \end{pmatrix}$$

die obige Gleichung. Sie bilden einen Unterraum von $\mathbb{R}^3$.

$V = \mathbb{R}^3$, $n = 2$

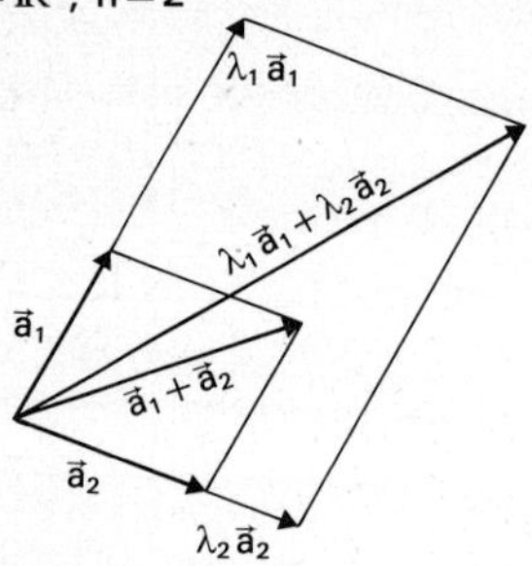

$U = \langle \vec{a}_1, \vec{a}_2 \rangle$ kann als Ebene veranschaulicht werden.

12

Sind $\vec{a}_1, \vec{a}_2, \ldots, \vec{a}_n$ Vektoren eines Vektorraumes V, so nennt man den Vektor

$$\vec{c} := \lambda_1 \vec{a}_1 + \lambda_2 \vec{a}_2 + \ldots + \lambda_n \vec{a}_n \in V$$

eine *Linearkombination* von $\vec{a}_1, \vec{a}_2, \ldots, \vec{a}_n$.
Die Menge aller Linearkombinationen von $\vec{a}_1, \vec{a}_2, \ldots, \vec{a}_n$ ist ein Untervektorraum U von V.
Man sagt, U sei von $\vec{a}_1, \vec{a}_2, \ldots, \vec{a}_n$ *erzeugt* und nennt ihn *lineare Hülle* von $\vec{a}_1, \vec{a}_2, \ldots, \vec{a}_n$.
Schreibweise:

$$U = \langle \vec{a}_1, \vec{a}_2, \ldots, \vec{a}_n \rangle;$$

Die Menge $\{\vec{a}_1, \vec{a}_2, \ldots, \vec{a}_n\}$ heißt *Erzeugendensystem* von U.
Es gilt genau dann

$$\langle \vec{a}_1, \vec{a}_2, \ldots, \vec{a}_n \rangle \subseteq \langle \vec{b}_1, \vec{b}_2, \ldots, \vec{b}_m \rangle,$$

wenn jeder der Vektoren $\vec{a}_i$ Linearkombination der Vektoren $\vec{b}_j$ ist. Es gilt genau dann

$$\langle \vec{a}_1, \vec{a}_2, \ldots, \vec{a}_n \rangle = \langle \vec{b}_1, \vec{b}_2, \ldots, \vec{b}_m \rangle,$$

wenn jeder der Vektoren $\vec{a}_i$ Linearkombination der Vektoren $\vec{b}_j$ und jeder der Vektoren $\vec{b}_j$ Linearkombination der $\vec{a}_i$ ist.

Bemerkung: Die Schnittmenge einer beliebigen Zahl von Unterräumen eines Vektorraumes V ist wieder ein Unterraum. Daraus folgt: Die lineare Hülle $\langle \vec{a}_1, \vec{a}_2, \ldots, \vec{a}_n \rangle$ ist die Schnittmenge aller Unterräume von V – also der kleinste der Unterräume – welche $\vec{a}_1, \vec{a}_2, \ldots, \vec{a}_n$ enthalten.

1.4 Lineare Unabhängigkeit

Die Vektoren

$$\vec{a} = \begin{pmatrix} 1 \\ -1 \\ -1 \end{pmatrix}, \ \vec{b} = \begin{pmatrix} 0 \\ 1 \\ -1 \end{pmatrix}, \ \vec{c} = \begin{pmatrix} 2 \\ -1 \\ -3 \end{pmatrix}$$

lösen zusammen mit ihren Linearkombinationen die Gleichung $2x_1 + x_2 + x_3 = 0$ (vgl. 1.3, Beisp. 10).

Bei genauerem Hinsehen zeigt sich, daß gilt:

$$\vec{c} = 2\vec{a} + 1\vec{b}.$$

Die Menge der Linearkombinationen aus $\vec{a}$, $\vec{b}$ und $\vec{c}$ ist damit wegen

$$\lambda\vec{a} + \mu\vec{b} + \nu\vec{c} = (\lambda + 2\nu)\vec{a} + (\mu + \nu)\vec{b}$$

identisch mit der Menge der Linearkombinationen aus $\vec{a}$ und $\vec{b}$. Damit gilt $\langle\vec{a}, \vec{b}, \vec{c}\rangle = \langle\vec{a}, \vec{b}\rangle$. Allgemeiner gilt (vgl. 1.3):
Ist bei den Vektoren $\vec{a}_1, \vec{a}_2, \ldots, \vec{a}_n$ der Vektor $\vec{a}_n$ Linearkombination der übrigen, so folgt:

$$\langle\vec{a}_1, \vec{a}_2, \ldots, \vec{a}_n\rangle = \langle\vec{a}_1, \vec{a}_2, \ldots, \vec{a}_{n-1}\rangle.$$

> Ist mindestens einer der Vektoren $\vec{a}_1, \vec{a}_2, \ldots, \vec{a}_n \in V$ Linearkombination der übrigen $n-1$ Vektoren, so heißt die Vektormenge $\{\vec{a}_1, \vec{a}_2, \ldots, \vec{a}_n\}$ *linear abhängig.*

Da man von vornherein nicht weiß, bei welchen der n Vektoren man eine Darstellung durch die übrigen $n-1$ Vektoren versuchen soll, ist folgendes Kriterium nützlich:

> Die Vektormenge $\{\vec{a}_1, \vec{a}_2, \ldots, \vec{a}_n\}$ ist genau dann *linear abhängig,* wenn n reelle Zahlen $\lambda_1, \lambda_2, \ldots, \lambda_n$ existieren, die nicht alle Null sind und eine Gleichung der Form $\lambda_1\vec{a}_1 + \lambda_2\vec{a}_2 + \ldots + \lambda_n\vec{a}_n = \vec{o}$ erfüllen. Jeder der Vektoren $\vec{a}_i$, dessen Koeffizient λ_i von Null verschieden ist, läßt sich als Linearkombination der übrigen $n-1$ Vektoren darstellen.
> Die Vektormenge $\{\vec{a}_1, \vec{a}_2, \ldots, \vec{a}_n\}$ ist genau dann *linear unabhängig,* wenn aus der Gleichung $\lambda_1\vec{a}_1 + \lambda_2\vec{a}_2 + \ldots + \lambda_n\vec{a}_n = \vec{o}$ folgt:
> $\lambda_1 = \lambda_2 = \ldots = \lambda_n = 0.$

Statt

„die Vektormenge $\{\vec{a}_1, \vec{a}_2, \ldots, \vec{a}_n\}$ ist
linear abhängig/unabhängig"

sagt man auch kürzer

„die Vektoren $\vec{a}_1, \vec{a}_2, \ldots, \vec{a}_n$ sind
linear abhängig/unabhängig".

$\lambda\vec{a}+\mu\vec{b}+\nu\vec{c}=\vec{o}$ bedeutet:

$$\begin{aligned} \lambda + \quad \nu &= 0 \\ 2\lambda + \mu \quad &= 0 \\ \lambda + \mu + \nu &= 0 \\ \nu &= 0, \end{aligned}$$

und dieses Gleichungssystem hat die (eindeutige) Lösung

$\lambda=\mu=\nu=0$

13

Aus $f(x):=$

$\lambda_0+\lambda_1 x^1+\lambda_2 x^2+\ldots+\lambda_k x^k=0$

für *alle* $x\in\mathbb{R}$ folgt:

$$\begin{aligned} f(0)=0 &\Rightarrow \lambda_0=0 \\ f'(0)=0 &\Rightarrow \lambda_1=0 \\ f''(0)=0 &\Rightarrow \lambda_2=0 \\ &\vdots \\ f^{(k)}(0)=0 &\Rightarrow \lambda_k=0 \end{aligned}$$

14

Beispiel 1:

Die Vektoren $\vec{a}=\begin{pmatrix}1\\2\\1\\0\end{pmatrix}$, $\vec{b}=\begin{pmatrix}0\\1\\1\\0\end{pmatrix}$, $\vec{c}=\begin{pmatrix}1\\0\\1\\1\end{pmatrix}\in\mathbb{R}^4$ sind linear unabhängig, denn aus $\lambda\vec{a}+\mu\vec{b}+\nu\vec{c}=\vec{o}$ folgt $\lambda=\mu=\nu=0$ (Abb. 13). Nimmt man den Vektor

$$\vec{d}=\begin{pmatrix}3\\3\\2\\1\end{pmatrix}$$

hinzu, so sind $\vec{a}$, $\vec{b}$, $\vec{c}$, $\vec{d}$ linear abhängig, denn es gilt $2\vec{a}+(-1)\vec{b}+1\vec{c}+(-1)\vec{d}=\vec{o}$.

Beispiel 2: Der Nullvektor $\vec{o}$ ist linear abhängig, denn $1\cdot\vec{o}=\vec{o}$.

Für den Vektorraum $\mathbb{R}^n$ gelten folgende Aussagen:

(1) Mehr als n Vektoren sind stets linear abhängig (vgl. 2.1).

(2) n Vektoren des $\mathbb{R}^n$ sind genau dann linear abhängig, wenn die aus ihnen gebildete **Determinante** verschwindet (vgl. 2.5 und die geometrische Deutung in 4.5).

(3) Weniger als n Vektoren des $\mathbb{R}^n$ können, müssen aber nicht linear unabhängig sein.

In den **Funktionenräumen** gibt es (anders als im Vektorraum $\mathbb{R}^n$) Mengen mit beliebig vielen linear unabhängigen Vektoren. Beispielsweise sind $x^0, x^1, x^2, \ldots, x^k\in F(\mathbb{R})$ linear unabhängig, wobei $k\in\mathbb{N}$ beliebig groß ist (Abb. 14).

1.5 Basis und Dimension

Wenn alle Vektoren eines Vektorraumes V als Linearkombination von n Vektoren darstellbar sind, dann nennt man diese n Vektoren ein *Erzeugendensystem* und schreibt $V=\langle\vec{a}_1, \vec{a}_2, \ldots, \vec{a}_n\rangle$ (vgl.

1.3). Wenn die n Vektoren $\vec{a}_1, \vec{a}_2, \ldots, \vec{a}_n$ linear abhängig sind, dann kann man (mindestens) einen der Vektoren als Linearkombination der übrigen $n-1$ darstellen. Ist $\vec{a}_n$ als Linearkombination von $\vec{a}_1, \vec{a}_2, \ldots, \vec{a}_{n-1}$ darstellbar, dann erhält man $V=\langle\vec{a}_1, \vec{a}_2, \ldots, \vec{a}_{n-1}\rangle$.
Sind $\vec{a}_1, \vec{a}_2, \ldots, \vec{a}_{n-1}$ immer noch linear abhängig, so kann man im Erzeugendensystem auf einen weiteren Vektor verzichten und das Verfahren solange fortsetzen, bis die verbleibenden Vektoren (etwa $\vec{a}_1, \vec{a}_2, \ldots, \vec{a}_m$) linear unabhängig sind, aber V immer noch erzeugen. Das Erzeugendensystem heißt dann Basis.

Eine Menge aus m Vektoren eines Vektorraumes V heißt *Basis* von V, wenn diese Vektoren ein linear unabhängiges Erzeugendensystem von V darstellen (Abb. 15). Dabei heißt m die *Dimension* von V und man schreibt $m=\dim(V)$.
Der Nullraum $V=\{\vec{o}\}$ besitzt keine Basis, man ordnet ihm die Dimension 0 zu.

Obige Überlegungen zeigen, daß jeder Vektorraum $V\neq\{\vec{o}\}$ mit endlichem Erzeugendensystem eine Basis besitzt.

Genau dann ist $\{\vec{a}_1, \vec{a}_2, \ldots, \vec{a}_n\}$ eine Basis von V, wenn jedes $\vec{c}\in V$ in *eindeutiger* Weise als Linearkombination der $\vec{a}_1, \vec{a}_2, \ldots, \vec{a}_n$ geschrieben werden kann.

Beweis: (1) Wenn $\{\vec{a}_1, \vec{a}_2, \ldots, \vec{a}_n\}$ eine Basis ist, dann läßt sich jeder Vektor $\vec{c}\in V$ auf mindestens eine Weise als Linearkombination darstellen (denn jede Basis ist ein Erzeugendensystem). Wir nehmen an, daß wir zwei Darstellungen haben:

$$\vec{c}=\lambda_1\vec{a}_1+\lambda_2\vec{a}_2+\ldots+\lambda_n\vec{a}_n$$
$$=\mu_1\vec{a}_1+\mu_2\vec{a}_2+\ldots+\mu_n\vec{a}_n.$$

Dann folgt durch Subtraktion:

$$\vec{o}=(\lambda_1-\mu_1)\vec{a}_1+(\lambda_2-\mu_2)\vec{a}_2+\ldots+(\lambda_n-\mu_n)\vec{a}_n.$$

Die Vektoren

$$\vec{a}_1=\begin{pmatrix}1\\0\end{pmatrix}, \vec{a}_2=\begin{pmatrix}0\\1\end{pmatrix}, \vec{a}_3=\begin{pmatrix}1\\1\end{pmatrix}$$

bilden ein Erzeugendensystem von $\mathbb{R}^2$, aber keine Basis: Jeder Vektor aus $\mathbb{R}^2$ erlaubt verschiedene Darstellungen als Linearkombination von $\vec{a}_1, \vec{a}_2, \vec{a}_3$:

$$\begin{pmatrix}7\\4\end{pmatrix}=4\vec{a}_1+\vec{a}_2+3\vec{a}_3$$
$$\begin{pmatrix}7\\4\end{pmatrix}=9\vec{a}_1+6\vec{a}_2-2\vec{a}_3.$$

Die Vektoren

$$\vec{a}_1=\begin{pmatrix}2\\1\\0\end{pmatrix}, \vec{a}_2=\begin{pmatrix}0\\2\\1\end{pmatrix}, \vec{a}_3=\begin{pmatrix}1\\0\\1\end{pmatrix}$$

bilden eine Basis von $\mathbb{R}^3$, denn jeder Vektor

$$\vec{c}=\begin{pmatrix}x\\y\\z\end{pmatrix}\in\mathbb{R}^3$$

ist als Linearkombination von $\vec{a}_1$, $\vec{a}_2$ und $\vec{a}_3$ darstellbar:
$\vec{c}=\lambda\vec{a}_1+\mu\vec{a}_2+\nu\vec{a}_3$ mit

$$\lambda=\frac{2x+y-2z}{5}$$
$$\mu=\frac{-x+2y+z}{5}$$
$$\nu=\frac{x-2y+4z}{5}$$

Ferner ist $\{\vec{a}_1, \vec{a}_2, \vec{a}_3\}$ linear unabhängig.
Es gilt also $\dim(\mathbb{R}^3)=3$.
15

Weil $\vec{a}_1, \vec{a}_2, \ldots, \vec{a}_n$ als Basisvektoren linear unabhängig sind, folgt $\lambda_1=\mu_1$, $\lambda_2=\mu_2$, $\lambda_3=\mu_3$. Die Darstellungen stimmen daher überein.

(2) Wenn sich jedes $\vec{c}\in V$ als Linearkombination schreiben läßt, dann ist $\{\vec{a}_1, \vec{a}_2, \ldots, \vec{a}_n\}$ nach Definition ein Erzeugendensystem. Die lineare Unabhängigkeit ergibt sich aus $\vec{o}=0\vec{a}_1+0\vec{a}_2+\ldots+0\vec{a}_n$ und der Tatsache, daß die Darstellung (insbesondere des Nullvektors) nach Voraussetzung eindeutig ist.

Ist $\{\vec{a}_1, \vec{a}_2, \ldots, \vec{a}_n\}$ eine Basis von V und gilt

$$\vec{c}=\lambda_1\vec{a}_1+\lambda_2\vec{a}_2+\ldots+\lambda_n\vec{a}_n,$$

so heißen die Zahlen $\lambda_1, \lambda_2, \ldots, \lambda_n$ *Koeffizienten,* die Vektoren $\lambda_1\vec{a}_1, \lambda_2\vec{a}_2, \ldots, \lambda_n\vec{a}_n$ *Komponenten* des Vektors $\vec{c}$ bezüglich der Basis $\{\vec{a}_1, \vec{a}_2, \ldots, \vec{a}_n\}$.

Da die n Koeffizienten $\lambda_1, \lambda_2, \ldots, \lambda_n$ zusammen als ein Vektor des $\mathbb{R}^n$ aufgefaßt werden können, vermittelt jede Basis eine umkehrbar eindeutige Abbildung zwischen den Vektoren von V und denen von $\mathbb{R}^n$. Diese Abbildung ist mit den Summen- und Vielfachenbildungen in V und $\mathbb{R}^n$ verträglich, man spricht von einer **Isomorphie** zwischen $\mathbb{R}^n$ und V.

$$\vec{e}_1,\ \vec{e}_2,\ \ldots,\ \vec{e}_n$$
$$\begin{pmatrix}1\\0\\0\\\vdots\\0\end{pmatrix}, \begin{pmatrix}0\\1\\0\\\vdots\\0\end{pmatrix}, \ldots, \begin{pmatrix}0\\0\\0\\\vdots\\1\end{pmatrix}$$

$$\vec{a}_1,\ \vec{a}_2,\ \ldots,\ \vec{a}_n$$
$$\begin{pmatrix}1\\0\\0\\\vdots\\0\end{pmatrix}, \begin{pmatrix}1\\1\\0\\\vdots\\0\end{pmatrix}, \ldots, \begin{pmatrix}1\\1\\1\\\vdots\\1\end{pmatrix}$$

16

Daß die Dimension n eines Vektorraumes als Anzahl der Vektoren einer Basis $\{\vec{a}_1, \vec{a}_2, \ldots, \vec{a}_n\}$ definiert werden kann, liegt am **Austauschsatz von Steinitz** (nach E. Steinitz, 1871–1938), aus dem folgt, daß alle Basen eines Vektorraumes gleich viele Vektoren enthalten.

Die meisten **Funktionenräume** (etwa $F(\mathbb{R})$, $C^1(]a; b[)$) besitzen keine endlichen Erzeugendensysteme, man ordnet solchen Räumen die Dimension „unendlich" zu. Der Begriff der Basis ist hier etwas anders zu fassen als oben.

Beispiel 1: In Abb. 16 sind zwei Basen von $\mathbb{R}^n$ angegeben. Beide Basen bestehen aus n Vektoren. Es gilt daher $\dim(\mathbb{R}^n)=n$.

Beispiel 2 (vgl. Beispiel 10 aus 1.3): Die Vektoren $\vec{x}$, die zum Lösungsraum V der Gleichung $2x_1+x_2+x_3=0$ gehören, haben die in Abb. 17 angegebene Form. Man entnimmt dieser Abbildung auch, daß V durch die drei Vektoren $\vec{a}$, $\vec{b}$ und $\vec{c}$ erzeugt wird ($V = \langle \vec{a}, \vec{b}, \vec{c} \rangle$). Wegen $\vec{c} = 2\vec{a} + \vec{b}$ gilt aber schon: $V = \langle \vec{a}, \vec{b} \rangle$. Tatsächlich kann man wegen

$$\begin{pmatrix} x_1 \\ x_2 \\ -2x_1 - x_2 \end{pmatrix} = x_1 \vec{a} + (x_1 + x_2)\vec{b}$$

jeden Vektor aus V als Linearkombination von $\vec{a}$ und $\vec{b}$ schreiben. Weil $\{\vec{a}, \vec{b}\}$ linear unabhängig ist, bilden die Vektoren $\vec{a}$ und $\vec{b}$ eine Basis des Lösungsraumes V und es gilt $\dim(V) = 2$. Die Isomorphie, die durch diese Basis zwischen V und $\mathbb{R}^2$ hergestellt wird, entnimmt man ebenfalls Abb. 17.

Genau dann löst $\vec{x}$ die lineare Gleichung

$$2x_1 + x_2 + x_3 = 0,$$

wenn gilt:

$$\vec{x} = \begin{pmatrix} x_1 \\ x_2 \\ -2x_1 - x_2 \end{pmatrix}.$$

Der Lösungsraum V wird erzeugt durch die Vektoren

$$\vec{a} = \begin{pmatrix} 1 \\ -1 \\ -1 \end{pmatrix}, \vec{b} = \begin{pmatrix} 0 \\ 1 \\ -1 \end{pmatrix}, \vec{c} = \begin{pmatrix} 2 \\ -1 \\ -3 \end{pmatrix},$$

denn es gilt

$$\begin{pmatrix} x_1 \\ x_2 \\ -2x_1 - x_2 \end{pmatrix} = \lambda\vec{a} + \mu\vec{b} + \nu\vec{c}$$

mit $\lambda = x_1 - 2$
$\mu = x_1 + x_2 - 1$
$\nu = 1.$

Isomorphie zwischen V und $\mathbb{R}^2$, die durch die Basis $\{\vec{a}, \vec{b}\}$ von V hergestellt wird:

$$\mathbb{R}^2 \longleftrightarrow V$$

$$\begin{pmatrix} \lambda \\ \mu \end{pmatrix} \mapsto \lambda\vec{a} + \mu\vec{b} = \begin{pmatrix} \lambda \\ -\lambda + \mu \\ -\lambda - \mu \end{pmatrix}$$

$$\begin{pmatrix} x_1 \\ x_1 + x_2 \end{pmatrix} \leftarrow\!\shortmid \begin{pmatrix} x_1 \\ x_2 \\ -2x_1 - x_2 \end{pmatrix}$$

17

2 Lineare Gleichungssysteme

2.1 Lösungsverfahren

Eine Gleichung mit n Variablen $x_1, x_2, \ldots, x_n$ der Gestalt

$$a_1 x_1 + a_2 x_2 + \ldots + a_n x_n = b$$

heißt *linear*; dabei sind $a_1, a_2, \ldots, a_n$, b reelle Zahlen. Sind m lineare Gleichungen gleichzeitig zu erfüllen, dann erhält man ein *lineares Gleichungssystem* aus m Gleichungen und n Variablen:

$$\begin{array}{l} a_{11} x_1 + a_{12} x_2 + \ldots + a_{1n} x_n = b_1 \\ a_{21} x_1 + a_{22} x_2 + \ldots + a_{2n} x_n = b_2 \\ \vdots \qquad\qquad\qquad\qquad\qquad\quad \vdots \\ a_{m1} x_1 + a_{m2} x_2 + \ldots + a_{mn} x_n = b_m \end{array}$$

Dabei sind a_{ij}, b_i reelle Zahlen ($i = 1, \ldots, m$; $j = 1, \ldots, n$). Das Gleichungssystem heißt *homogen,* wenn $b_1 = b_2 = \ldots = b_m = 0$; andernfalls heißt es *inhomogen.* Das Zahlenschema

$$A = \begin{pmatrix} a_{11} & a_{12} & \ldots & a_{1n} \\ a_{21} & a_{22} & \ldots & a_{2n} \\ \vdots & & & \\ a_{m1} & a_{m2} & \ldots & a_{mn} \end{pmatrix}$$

heißt die *Koeffizientenmatrix* oder kurz Matrix des Gleichungssystems. Mit den Abkürzungen

$$\vec{x} = \begin{pmatrix} x_1 \\ x_2 \\ \vdots \\ x_n \end{pmatrix} \quad \text{und} \quad \vec{b} = \begin{pmatrix} b_1 \\ b_2 \\ \vdots \\ b_m \end{pmatrix}$$

schreibt man das Gleichungssystem in Kurzform wie folgt (vgl. Abb. 20):

$$A\vec{x} = \vec{b}.$$

Zur Lösung linearer Gleichungssysteme benutzt man (auch auf Rechenanlagen) meist das *Gauß-*

Nicht lineares Gleichungssystem:

$$3x_1^2 + 4x_2 = 3$$
$$1x_1 + 4\sqrt{x_2} = 2.$$

Die Gleichungen enthalten Potenzen der Variablen mit Exponenten, die von Eins verschieden sind.

18

Die Lösungsmenge einer linearen Gleichung mit zwei Variablen: $a_1 x_1 + a_2 x_2 = b$ läßt sich im Fall $a_2 \neq 0$ als Gerade mit Steigung $-\frac{a_1}{a_2}$ deuten.

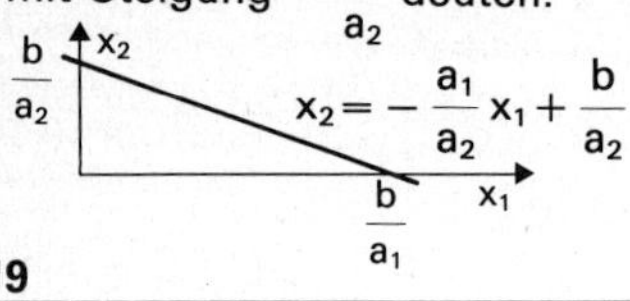

19

$$-3x_1 + 1x_2 + 2x_3 = 5$$
$$5x_1 - 4x_2 + 1x_3 = 2$$

hat die Kurzform:

$$\begin{pmatrix} -3 & 1 & 2 \\ 5 & -4 & 1 \end{pmatrix} \begin{pmatrix} x_1 \\ x_2 \\ x_3 \end{pmatrix} = \begin{pmatrix} 5 \\ 2 \end{pmatrix}$$

20

sche Additionsverfahren (nach C. F. Gauß, 1777–1855). Dieses Verfahren beruht darauf, daß sich die Lösungsmenge eines linearen Gleichungssystems nicht ändert, wenn man eine Gleichung mit einer von 0 verschiedenen Zahl multipliziert oder ein Vielfaches einer Gleichung zu einer anderen addiert. In Abb. 21 bedeutet der Pfeil, daß das (−4)-fache der ersten Gleichung zur dritten Gleichung addiert wird. Diese Symbolik benutzen wir im folgenden ständig. Ziel der Umformungen ist es, das gegebene lineare Gleichungssystem in ein System von „*Staffelgestalt*" zu überführen (Abb. 22). Bei solchen Systemen kann man nämlich die Lösbarkeit und die Lösungsmenge direkt ablesen. Wir erläutern das Verfahren an einigen Beispielen:

$$\begin{aligned} a_{11}x_1 + \ldots + a_{1n}x_n &= b_1 \quad \cdot(-4) \\ a_{21}x_1 + \ldots + a_{2n}x_n &= b_2 \\ a_{31}x_1 + \ldots + a_{3n}x_n &= b_3 \quad + \leftarrow \\ \vdots \qquad & \quad \vdots \end{aligned}$$

21

Systeme mit Staffelgestalt:

$$\begin{aligned} Dx_1 + Zx_2 + Zx_3 + Zx_4 &= b_1 \\ Dx_2 + Zx_3 + Zx_4 &= b_2 \\ Dx_3 + Zx_4 &= b_3 \\ Dx_4 &= b_4 \end{aligned}$$

oder:

$$\begin{aligned} Dx_1 + Zx_2 + Zx_3 + Zx_4 + Zx_5 &= b_1 \\ Dx_2 + Zx_3 + Zx_4 + Zx_5 &= b_2 \end{aligned}$$

oder:

$$\begin{aligned} Dx_1 + Zx_2 + Zx_3 &= b_1 \\ Dx_2 + Zx_3 &= b_2 \\ Dx_3 &= b_3 \\ 0x_3 &= b_4 \quad \text{usw.} \end{aligned}$$

Dabei sollen an den mit D bezeichneten Stellen von Null verschiedene reelle Zahlen stehen, an den mit Z bezeichneten Stellen sollen irgendwelche reelle Zahlen stehen.

22

Beispiel 1 $(m=1,\ n=2)$:

$$2x_1 + 3x_2 = 1$$

Dieses „System" aus einer linearen Gleichung hat bereits Staffelgestalt, die Lösungsmenge ist

$$\left\{\begin{pmatrix} x_1 \\ \frac{1}{3}(1-2x_1) \end{pmatrix} \middle| x_1 \in \mathbb{R}\right\} \left(= \left\{\begin{pmatrix} \frac{1}{2}(1-3x_2) \\ x_2 \end{pmatrix} \middle| x_2 \in \mathbb{R}\right\}\right).$$

Beispiel 2 $(m=2,\ n=3)$:

$$\begin{aligned} 3x_1 - 3x_2 - 3x_3 &= -6 \quad \cdot\left(-\tfrac{2}{3}\right) \\ 2x_1 + 1x_2 - 8x_3 &= -1 \quad + \leftarrow \end{aligned}$$

Wir multiplizieren die erste Gleichung mit $-\frac{2}{3}$ und addieren sie zur zweiten:

$$\begin{aligned} 3x_1 - 3x_2 - 3x_3 &= -6 \\ 3x_2 - 6x_3 &= 3 \end{aligned}$$

Dieses System hat Staffelgestalt. Aus der zweiten Gleichung ergibt sich $x_2 = 2x_3 + 1$, aus der ersten folgt dann $x_1 = 3x_3 - 1$. Die Lösungsmenge ist also

$$\left\{\begin{pmatrix} 3x_3 - 1 \\ 2x_3 + 1 \\ x_3 \end{pmatrix} \middle| x_3 \in \mathbb{R}\right\}.$$

Beispiel 3 (m = 4, n = 4; eindeutige Lösbarkeit):

$$\begin{array}{rl} 2x_1+2x_2+4x_3+4x_4=326 & \cdot(-4)\ \cdot(-\tfrac{1}{2}) \\ 0x_1+3x_2+3x_3+2x_4=219 & \\ 8x_1+4x_2+4x_3+0x_4=372 & +\leftarrow \\ 1x_1+2x_2+4x_3+3x_4=276 & +\leftarrow \end{array}$$

Wir subtrahieren das Vierfache der ersten Zeile von der dritten, die Hälfte der ersten Zeile von der vierten und erhalten in der ersten Spalte unter der Hauptdiagonalen Nullen als Koeffizienten. (Man kann Multiplikationen mit Brüchen vermeiden, indem man zuvor die erste mit der vierten Zeile vertauscht und analog rechnet.)

$$\begin{array}{rl} 2x_1+2x_2+4x_3+4x_4= 326 & \\ 3x_2+3x_3+2x_4= 219 & \cdot\tfrac{4}{3}\ \cdot(-\tfrac{1}{3}) \\ -4x_2-12x_3-16x_4=-932 & +\leftarrow \\ 1x_2+2x_3+1x_4= 113 & +\leftarrow \end{array}$$

Wir addieren das $\frac{4}{3}$fache der zweiten Zeile zur dritten, das $-\frac{1}{3}$fache der zweiten Zeile zur vierten und erhalten auch in der zweiten Spalte Nullen als Koeffizienten. (Ausnutzen von Rechenvorteilen wieder durch vorheriges Vertauschen von zweiter und vierter Zeile möglich.)

$$\begin{array}{rl} 2x_1+2x_2+4x_3+4x_4= 326 & \\ 3x_2+3x_3+2x_4= 219 & \\ -8x_3-\tfrac{40}{3}x_4=-640 & \cdot\tfrac{1}{8} \\ 1x_3+\tfrac{1}{3}x_4=-40 & +\leftarrow \end{array}$$

Im letzten Schritt ergibt sich ein Gleichungssystem in Staffelgestalt:

$$\begin{array}{r} 2x_1+2x_2+4x_3+4x_4= 326 \\ 3x_2+3x_3+2x_4= 219 \\ -8x_3-\tfrac{40}{3}x_4=-640 \\ -\tfrac{4}{3}x_4=-40 \end{array}$$

Aus der letzten Zeile entnimmt man $x_4=30$.
Einsetzen in die dritte Zeile liefert $x_3=30$.
Aus der zweiten Zeile folgt $x_2=23$,
und mit der ersten Zeile erhält man $x_1=20$.
Das (inhomogene) Gleichungssystem ist eindeutig lösbar.

Beispiel 4 (m = 4, n = 4; nicht eindeutige Lösbarkeit):

$$\begin{array}{rcrl}
2x_1+2x_2+1x_3+2x_4 &=& 0 & \cdot(-3)\;\cdot(-\tfrac{1}{2})\;\cdot(-1) \\
6x_1+6x_2+2x_3+20x_4 &=& 12 & + \\
1x_1+2x_2+\tfrac{1}{2}x_3+0x_4 &=& -4 & + \\
2x_1+4x_2+0x_3+14x_4 &=& 4 & +
\end{array}$$

Die rechts angedeuteten Additionsschritte liefern:

$$\begin{array}{rcrl}
2x_1+2x_2+1x_3+2x_4 &=& 0 & \\
0x_2-1x_3+14x_4 &=& 12 & \\
1x_2+0x_3-1x_4 &=& -4 & + \\
2x_2-1x_3+12x_4 &=& 4 & \cdot(-\tfrac{1}{2})
\end{array}$$

Vertauschen wir die zweite mit der vierten Zeile und addieren wir das $-\frac{1}{2}$fache der neuen zweiten Zeile zur dritten Zeile, so erhalten wir:

$$\begin{array}{rcrl}
2x_1+2x_2+1x_3+2x_4 &=& 0 & \\
2x_2-1x_3+12x_4 &=& 4 & \\
\tfrac{1}{2}x_3-7x_4 &=& -6 & \cdot 2 \\
-1x_3+14x_4 &=& 12 & +
\end{array}$$

Im letzten Schritt erreichen wir Staffelgestalt:

$$\begin{array}{rcr}
2x_1+2x_2+1x_3+2x_4 &=& 0 \\
2x_2-1x_3+12x_4 &=& 4 \\
\tfrac{1}{2}x_3-7x_4 &=& -6 \\
0x_4 &=& 0
\end{array}$$

Setzen wir $x_4 = t$,
dann ergibt die dritte Zeile $x_3 = 14t - 12$.
Aus der zweiten Zeile folgt $x_2 = t - 4$,
und die erste Zeile liefert $x_1 = -9t + 10$.
Das System hat also unendlich viele Lösungen, der „Parameter" t ist frei wählbar. Die mehrdeutige Lösbarkeit resultiert aus der linearen Abhängigkeit der vier Gleichungszeilen. Verfolgt man nämlich den Weg zur letzten Nullzeile, so sieht man, daß für die Zeilen des Ausgangssystems gilt:

$$(-3)\cdot(\text{Zeile } 1)+(\text{Zeile } 2)+2\cdot(\text{Zeile } 3)-(\text{Zeile } 4)=\text{Nullzeile}.$$

Übersicht über die Beispiele:
Eindeutig lösbar:
Beispiel 3 (m = 4, n = 4)
Mehrdeutig lösbar:
Beispiel 1 (m = 1, n = 2)
Beispiel 2 (m = 2, n = 3)
Beispiel 4 (m = 4, n = 4)
Beispiel 6 (m = 3, n = 5)
(In Beispiel 4 sind die Gleichungen linear abhängig)
Unlösbar:
Beispiel 5 (m = 5, n = 3)
23

Eine Gleichung des Ausgangssystems ist also aus den übrigen drei Gleichungen linear zu kombinieren. Unser System aus vier Gleichungen ist damit zu einem System aus drei Gleichungen äquivalent.

Beispiel 5 (m = 5, n = 3; nicht lösbar):

$$\begin{array}{rl}
2x_1-2x_2+\ \ 4x_3=1 & \cdot(-1)\,\cdot\left(-\tfrac{1}{2}\right)\,\cdot(-2)\\
2x_1+0x_2+\ \ 7x_3=1 & +\ (\text{Zeile 1}\cdot(-1))\\
1x_1-1x_2+\ \ 6x_3=1{,}5 & +\ (\text{Zeile 1}\cdot(-\tfrac{1}{2}))\\
0x_1+2x_2+\ \ 6x_3=2 & \\
4x_1-3x_2+12x_3=5 & +\ (\text{Zeile 1}\cdot(-2))
\end{array}$$

Die rechts angedeuteten Additionsschritte liefern:

$$\begin{array}{rl}
2x_1-2x_2+4x_3=1 & \\
2x_2+3x_3=0 & \cdot(-1)\,\cdot\left(-\tfrac{1}{2}\right)\\
0x_2+4x_3=1 & \\
2x_2+6x_3=2 & +\ (\cdot(-1))\\
1x_2+4x_3=3 & +\ (\cdot(-\tfrac{1}{2}))
\end{array}$$

Im dritten Schritt erhalten wir Staffelgestalt:

$$\begin{aligned}
2x_1-2x_2+4x_3&=1\\
2x_2+3x_3&=0\\
4x_3&=1\\
0x_3&=1{,}25\\
0x_3&=2{,}375
\end{aligned}$$

Da die letzten Gleichungen nicht lösbar sind, ist das System unlösbar.

Beispiel 6 (m = 3, n = 5):

$$\begin{array}{rl}
4x_1+\ \ 2x_2-1x_3+2x_4-3x_5=4 & \cdot\left(-\tfrac{1}{2}\right)\,\cdot\left(-\tfrac{1}{4}\right)\\
2x_1-\ \ 1x_2+1x_3-5x_4+2x_5=3 & +\ (\cdot(-\tfrac{1}{2}))\\
1x_1+2{,}5x_2-2x_3+4x_4-4x_5=0 & +\ (\cdot(-\tfrac{1}{4}))
\end{array}$$

Der erste Schritt des Gaußschen Verfahrens liefert:

$$\begin{array}{rl}
4x_1+2x_2-\ \ 1x_3+\ \ 2x_4-\ \ 3x_5=\ \ 4 & \\
-2x_2+\ \ 1{,}5x_3-\ \ 6x_4+\ \ 3{,}5x_5=\ \ 1 & \\
2x_2-1{,}75x_3+3{,}5x_4-3{,}25x_5=-1 & +\ (\text{Zeile 2})
\end{array}$$

Im zweiten Schritt erhalten wir Staffelgestalt.

$$\begin{aligned} 4x_1+2x_2-\ \ 1x_3+\ \ 2x_4-\ \ 3x_5&=4\\ -2x_2+1{,}5x_3-\ \ 6x_4+3{,}5x_5&=1\\ -0{,}25x_3-2{,}5x_4+0{,}25x_5&=0 \end{aligned}$$

Setzen wir $x_5=t$
und $x_4=s$,
so ergibt sich aus
Zeile drei $x_3=-10s+t$,
aus Zeile zwei $x_2=-10{,}5s+2{,}5t-0{,}5$
und aus Zeile eins $x_1=2{,}25s-0{,}25t+1{,}25$.
Es gibt unendlich viele Lösungen, denn die Parameter s und t sind frei wählbar.

Es kann vorkommen, daß in einem Schritt des Gaußschen Verfahrens der Diagonalkoeffizient a_{ii}, den man nach geeigneter Multiplikation der zugehörigen Zeile zum Annullieren der darunterstehenden Koeffizienten benötigt, Null wird. Dann versucht man, durch Vertauschen der Zeile i mit einer darunterstehenden einen von Null verschiedenen Diagonalkoeffizienten zu erhalten. Ist dies nicht möglich, dann versucht man die Spalte i mit einer rechts davon stehenden zu vertauschen (das entspricht der Umnumerierung von Variablen). Wenn auch dieser Schritt nicht zum gewünschten Ziel führt, dann hat man bereits die Staffelgestalt erreicht.

Löst man lineare Gleichungssysteme auf programmierbaren Rechnern, dann wird natürlich die (oben nur angedeutete) Ausnutzung von Rechenvorteilen bedeutungslos. Dagegen werden Techniken zur Reduzierung des Einflusses von Rundungsfehlern bedeutsam: Vor Beginn der Additionsschritte für die i-te Spalte sorgt man durch Vertauschen der i-ten Zeile mit einer darunterstehenden dafür, daß der betraglich größte Koeffizient der i-ten Restspalte $a_{ki}\,(k>i)$ auf den Diagonalplatz a_{ii} gelangt. Ist nämlich bei der Berechnung von x_i durch

$$(*)\qquad a_{ii}x_i=b_i-a_{in}x_n-\ldots-a_{i,\,i+1}x_{i+1}$$

das Diagonalelement a_{ii} dem Betrage nach sehr klein, so wird auch die Differenz auf der rechten Seite von (*) klein sein. Bei ihrer numerischen Auswertung tritt leicht Auslöschung führender

Zu lösen:

$$\begin{aligned} 0{,}0001x_1+1x_2&=2\\ 1x_1+1x_2&=3 \end{aligned}$$

Nach Additionsschritt:

$x_2\approx 1{,}999899989$.

Nehmen wir an, unser Rechner hätte nur fünf Stellen und x_2 wäre in der fünften Stelle mit einem Rundungsfehler behaftet, etwa:

$x_2'=1{,}9998$ oder
$x_2''=1{,}9999$ oder
$x_2'''=2{,}0000$.

Setzen wir diese Ergebnisse in die zweite Zeile ein, dann erhalten wir mit

$x_1'=1{,}0002$
$x_1''=1{,}0001$
$x_1'''=1{,}0000$

recht genaue Ergebnisse, der Rundungsfehler wirkt sich kaum aus.
Setzen wir aber in die erste Zeile ein, dann erhalten wir

$x_1'=2$
$x_1''=1$
$x_1'''=0$.

Wegen des kleinen Koeffizienten vor x_1 wirkt sich der Rundungsfehler von x_2 bei Berechnung von x_1 „katastrophal" aus.
24

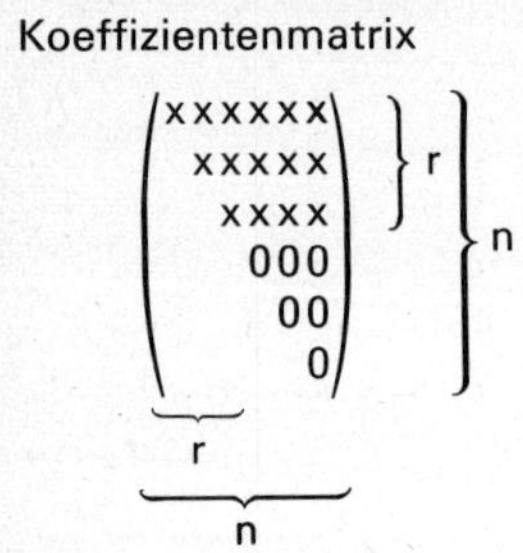

25

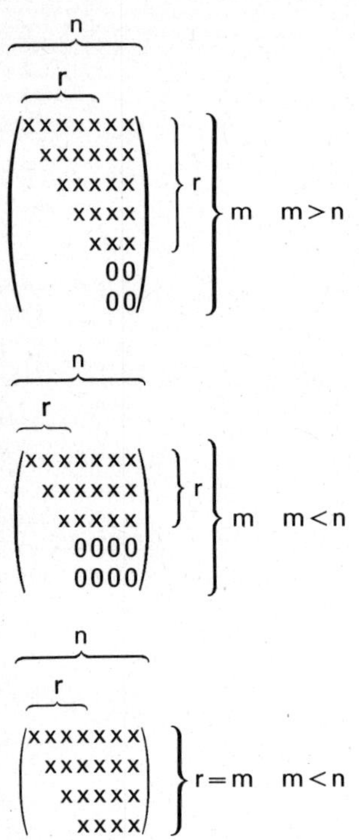

26

Dezimalstellen auf. Nach Division durch die kleine Zahl a_{ii} sind daher stark verfälschte Lösungen für x_i möglich (vgl. Abb. 24).

Zusammenfassung:
Mit Hilfe des Gaußschen Additionsverfahrens ist es möglich, ein Gleichungssystem aus *n Gleichungen mit n Variablen:*

$$\begin{array}{l} a_{11}x_1 + \ldots + a_{1n}x_n = b_1 \\ \vdots \qquad\qquad \vdots \quad \vdots \\ a_{n1}x_1 + \ldots + a_{nn}x_n = b_n \end{array}$$

so umzuformen, daß es *Dreiecksgestalt* erhält (Abb. 25):

$$\begin{array}{lllr} a'_{11}x_1 + \ldots\ldots\ldots\ldots\ldots\ldots & & + a'_{1n}x_n & = b'_1 \\ \quad a'_{22}x_2 + \ldots\ldots\ldots\ldots & & + a'_{2n}x_n & = b'_2 \\ \qquad \ddots & & \vdots & \vdots \\ \qquad\quad a'_{rr}x_r + \ldots\ldots & & + a'_{r,n}x_n & = b'_r \\ \qquad\qquad 0x_{r+1,r+1} + \ldots & & + 0 \quad x_n & = b'_{r+1} \\ \qquad\qquad\qquad \ddots & & \vdots & \vdots \\ & & 0 \quad x_n & = b'_n \end{array}$$

wobei die Diagonalkoeffizienten $a'_{11}, a'_{22}, \ldots, a'_{rr}$ von Null verschieden sind. Man liest ab, daß folgende Aussagen gelten:

(1) Ist $r=n$, so ist das System *eindeutig lösbar.*

(2) Ist $r<n$ und $b'_{r+1} = \ldots = b'_n = 0$, so ist es lösbar, aber *nicht eindeutig.* Man kann bei der Lösung $n-r$ der Variablen (etwa $x_{r+1}, \ldots, x_n$) frei wählen und die übrigen Variablen daraus berechnen.

(3) Ist $r<n$ und eine der Zahlen $b'_{r+1}, \ldots, b'_n$ von Null verschieden, so ist das System *nicht lösbar.*

Ist die Zahl der Gleichungen (m) verschieden von der Zahl der Variablen (n), dann erhält man nach dem Gaußschen Verfahren auf der linken Seite eine Koeffizientenmatrix mit *Staffelgestalt* gemäß Abb. 26. Stets ergibt sich $r \leq \min\{m, n\}$ und es gelten zu (2) und (3) analoge Aussagen.

Bemerkung: Die Umformungen in jedem Schritt des Gauß-Verfahrens sind so geartet, daß man jede Gleichung des „neuen" Systems durch Linearkombinationen der Gleichungen des „alten" Systems erhält, umgekehrt lassen sich alle Gleichungen des „alten" Systems aus den Gleichungen des „neuen" Systems linear kombinieren. Gleiches gilt für die Zeilen der Koeffizientenmatrizen, die wir als Vektoren des $\mathbb{R}^n$ auffassen können. Hieraus folgt: Die maximale Anzahl linear unabhängiger Zeilen in der Koeffizientenmatrix A ändert sich während der Umformungen nicht. Sie heißt **Rang** der Matrix A (Schreibweise: rg(A)) und stimmt mit der Anzahl r der von Null verschiedenen Zeilen in der Staffelmatrix überein.

2.2 Der Lösungsraum eines homogenen linearen Gleichungssystems

Während wir eben die Koeffizienten der Zeilen auf der linken Seite des Gleichungssystems als Vektoren aufgefaßt haben, betrachten wir jetzt wieder die Lösungstupel als Vektoren. Wir erinnern uns, daß ein Gleichungssystem $A\vec{x}=\vec{b}$ homogen heißt, wenn $\vec{b}$ der Nullvektor aus $\mathbb{R}^m$ ist. Für solche Systeme gelten folgende Aussagen:

- Sie sind stets lösbar, der Nullvektor $\vec{o}\in\mathbb{R}^n$ ist immer eine Lösung: $A\vec{o}=\vec{o}$. Man spricht von der *„trivialen" Lösung.*
- Mit einer Lösung $\vec{v}\in\mathbb{R}^n$ ist auch jedes Vielfache eine Lösung; mit zwei (oder mehr) Lösungsvektoren ist auch deren Summe eine Lösung. Also gilt:

Die Menge aller Lösungsvektoren eines homogenen linearen Gleichungssystems mit n Variablen ist ein Unterraum des $\mathbb{R}^n$.

- Ergibt sich im Gauß-Verfahren am Ende für die Koeffizientenmatrix die Form aus Abb. 27, so lassen sich (z. B. die letzten) $n-r$ Komponenten

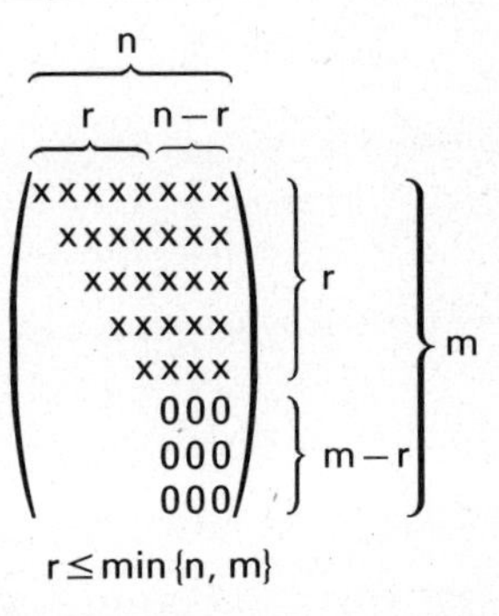

27

des Lösungsvektors frei wählen, die restlichen Komponenten lassen sich eindeutig hieraus berechnen.

> Der Lösungsraum hat die Dimension $n-r=n-rg(A)$.

$$\begin{aligned} 2x_1+2x_2+1x_3+2x_4&=0\\ 6x_1+6x_2+2x_3+20x_4&=0\\ 1x_1+2x_2+1x_3-7x_4&=0\\ 2x_1+4x_2+0x_3+14x_4&=0 \end{aligned}$$

$$\vec{v}=\begin{pmatrix}-9\\1\\14\\1\end{pmatrix}$$

28

Beispiel 1 (vgl. Beispiel 4 aus 2.1): Im homogenen linearen Gleichungssystem aus Abb. 28 sind die ersten drei Zeilen linear unabhängig, denn man sieht, daß man keine Zeile aus den anderen beiden linear kombinieren kann. Es gilt also $rg(A) \geq 3$. Die Dimension des Lösungsraumes kann also höchstens 1 sein. Der angegebene Vektor $\vec{v}$ ist ein Lösungsvektor, daher ist die Lösungsmenge $\langle\vec{v}\rangle$, d.h. alle anderen Lösungen sind Vielfache von $\vec{v}$.

$$\begin{aligned} 4x_1+2x_2-1x_3+2x_4-3x_5&=0\\ 2x_1-1x_2+1x_3-5x_4+2x_5&=0\\ 1x_1+2{,}5x_2-2x_3+4x_4-4x_5&=0 \end{aligned}$$

$$\vec{v}=\begin{pmatrix}-0{,}25\\2{,}5\\1\\0\\1\end{pmatrix} \qquad \vec{w}=\begin{pmatrix}2{,}25\\-10{,}5\\-10\\1\\0\end{pmatrix}$$

29

Beispiel 2 (vgl. Beispiel 6 aus 2.1): Im Gleichungssystem aus Abb. 29 sind die Gleichungen linear unabhängig. Der Lösungsraum kann daher höchstens zweidimensional sein. Die zwei in Abb. 29 angegebenen Vektoren sind linear unabhängige Lösungen. Daher ist die Lösungsmenge $\langle\vec{v}, \vec{w}\rangle$, d.h. alle anderen Lösungen sind Linearkombinationen von $\vec{v}$ und $\vec{w}$.

2.3 Die Lösungsmenge eines inhomogenen linearen Gleichungssystems

Ist $A\vec{x}=\vec{b}$ mit $\vec{b}\neq\vec{o}$ ein *inhomogenes* Gleichungssystem (aus m Gleichungen und n Variablen), so nennen wir $A\vec{x}=\vec{o}$ das *zugehörige homogene Gleichungssystem.* Während das homogene System stets lösbar ist, braucht das inhomogene System nicht lösbar zu sein (vgl. Beispiel 5 aus 2.1).

Ist es aber lösbar und ist $\vec{x}_0 \in \mathbb{R}^n$ eine spezielle Lösung, so gilt (vgl. Abb. 30):

(a) Wenn $\vec{y}$ eine weitere Lösung des inhomogenen Systems ist, dann löst der Differenzenvektor $\vec{y}-\vec{x}_0$ das homogene System, er liegt also im Lösungsraum V_h des homogenen Systems.

(b) Die Lösungsmenge L des inhomogenen Systems erhält man, indem man zur Lösung $\vec{x}_0$ alle Lösungen $\vec{y} \in V_h$ des homogenen Systems addiert. Damit ist L eine lineare Mannigfaltigkeit in $\mathbb{R}^n$: $L = \vec{x}_0 \oplus V_h$.

zu (a):

$$\begin{aligned} A\vec{x}_0 &= \vec{b} \\ A\vec{y} &= \vec{b} \\ \hline A(\vec{y}-\vec{x}_0) &= \vec{0} \end{aligned}$$

zu (b):

$$\begin{aligned} A\vec{x}_0 &= \vec{b} \\ A\vec{v} &= \vec{0} \\ \hline A(\vec{x}_0+\vec{v}) &= \vec{b} \end{aligned}$$

30

Beweis zu (a): Wenn $\vec{y}$ eine weitere Lösung des inhomogenen Systems ist, dann gilt $A(\vec{y}-\vec{x}_0) = A\vec{y} - A\vec{x}_0 = \vec{b} - \vec{b} = \vec{o}$. Also löst $\vec{y}-\vec{x}_0$ das homogene System.

Beweis zu (b): Wenn $\vec{x}_0$ eine spezielle Lösung des inhomogenen Systems und $\vec{v}$ eine Lösung des homogenen Systems ist, dann ist auch $\vec{x}_0+\vec{v}$ eine Lösung des inhomogenen Systems. Es gilt nämlich $A(\vec{v}+\vec{x}_0) = A\vec{v} + A\vec{x}_0 = \vec{o} + \vec{b} = \vec{b}$.
Ist $\vec{y}$ andererseits irgendeine Lösung des inhomogenen Systems, dann läßt sie sich schreiben als $\vec{y} = \vec{x}_0 + \vec{h}$, wobei $\vec{h} := \vec{y} - \vec{x}_0$ nach (a) in V_h liegt.

Beispiel 1: Wenn ein Gleichungssystem quadratisch ist $(n=m)$ und $rg(A)=n$ gilt, dann ist nach 2.1 sowohl das inhomogene als auch das homogene System eindeutig lösbar. Es gilt also $V_h = \{\vec{o}\}$, und die lineare Lösungsmannigfaltigkeit $\vec{x}_0 \oplus V_h = \{\vec{x}_0\}$ besteht nur aus einem Element.

Beispiel 2: Die Lösungsmenge des inhomogenen linearen Gleichungssystems aus 2.1, Beispiel 4 läßt sich nach Abb. 31 a schreiben als $\vec{x}_0 \oplus V_h$, wobei $\vec{x}_0$ eine spezielle Lösung des inhomogenen Systems ist. V_h ist der eindimensionale homogene Lösungsraum, der nach Abb. 28 von $\vec{v}$ erzeugt wird.

Beispiel 3: Die Lösungsmenge des inhomogenen linearen Gleichungssystems aus 2.1, Beispiel 6 läßt sich nach Abb. 31 b als lineare Mannigfaltigkeit $\vec{x}_0 \oplus V_h$ schreiben. Dabei ist $\vec{x}_0$ eine spezielle

(a) zu Beispiel 2:

$$\vec{y} = \begin{pmatrix} -9t+10 \\ t-4 \\ 14t-12 \\ t \end{pmatrix} = \begin{pmatrix} 10 \\ -4 \\ -12 \\ 0 \end{pmatrix} + t \begin{pmatrix} -9 \\ 1 \\ 14 \\ 1 \end{pmatrix} = \vec{x}_0 + t\vec{v}$$

(b) zu Beispiel 3:

$$\vec{y} = \begin{pmatrix} 2{,}25s - 0{,}25t + 1{,}25 \\ -10{,}5\ s + 2{,}5\ t - 0{,}5 \\ -10\ s + t \\ s \\ t \end{pmatrix} = \begin{pmatrix} 1{,}25 \\ -0{,}5 \\ 0 \\ 0 \\ 0 \end{pmatrix} + s \begin{pmatrix} 2{,}25 \\ -10{,}5 \\ -10 \\ 1 \\ 0 \end{pmatrix} + t \begin{pmatrix} -0{,}25 \\ 2{,}5 \\ 1 \\ 0 \\ 1 \end{pmatrix} = \vec{x}_0 + s\vec{v} + t\vec{w}$$

31

Lösung des inhomogenen Systems und V_h ist der zweidimensionale homogene Lösungsraum, der nach Abb. 29 von den Vektoren $\vec{v}$ und $\vec{w}$ aufgespannt wird.

2.4 Determinanten

Die **Determinante** einer *quadratischen* Matrix A ist eine reelle Zahl, welche man mit |A| oder det (A) bezeichnet. Wir geben zunächst die Definition der Determinante für n = 2 und n = 3 an:

$$\begin{vmatrix} a_{11} & a_{12} \\ a_{21} & a_{22} \end{vmatrix} := a_{11}a_{22} - a_{12}a_{21}$$

$$\begin{vmatrix} a_{11} & a_{12} & a_{13} \\ a_{21} & a_{22} & a_{23} \\ a_{31} & a_{32} & a_{33} \end{vmatrix} := a_{11}a_{22}a_{33} + a_{12}a_{23}a_{31} + a_{13}a_{21}a_{32} - a_{31}a_{22}a_{13} - a_{32}a_{23}a_{11} - a_{33}a_{21}a_{12}$$

(vgl. Abb. 32). Man kann die Berechnung von dreireihigen Determinanten auf die Berechnung zweireihiger Determinanten zurückführen, indem man sie nach einer beliebigen Zeile oder Spalte „entwickelt": Dazu durchläuft man mit den Elementen a_{ij} nacheinander alle Elemente einer festen Zeile oder Spalte, verdeckt mit einem „Kreuz" die Zeile und Spalte, in der a_{ij} gerade steht, bildet aus den nicht verdeckten (vier) Elementen eine zweireihige Determinante $|A_{ij}|$, multipliziert ihren Wert mit a_{ij} und summiert die Produkte – mit entsprechenden Vorzeichen versehen – auf (Abb. 33). Die Vorzeichen bestimmen sich aus dem Schachbrettmuster in Abb. 34. Die formale Fassung des *Entwicklungssatzes* lautet:

$$|A| = \sum_{j=1}^{3} (-1)^{i+j} a_{ij} |A_{ij}|$$

(Entwicklung nach Zeile i)

$$|A| = \sum_{i=1}^{3} (-1)^{i+j} a_{ij} |A_{ij}|$$

(Entwicklung nach Spalte j).

Regel von Sarrus (1798–1861) zur Berechnung dreireihiger Determinanten:

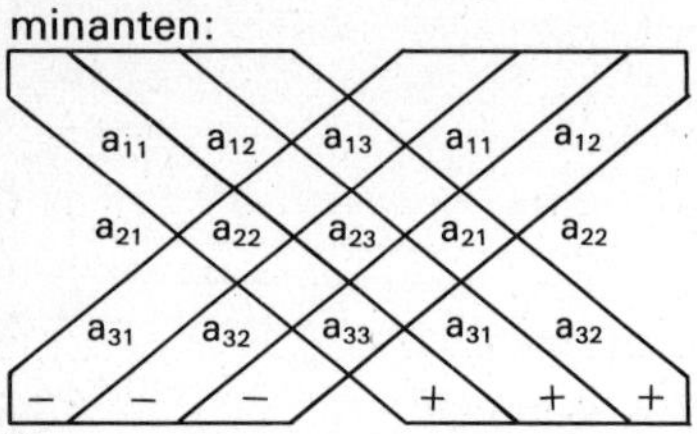

32

Entwicklung nach der ersten Zeile:

$$\begin{vmatrix} a_{11} & a_{12} & a_{13} \\ a_{21} & a_{22} & a_{23} \\ a_{31} & a_{32} & a_{33} \end{vmatrix} =$$

$$(-1)^{1+1}a_{11}A_{11} + (-1)^{1+2}a_{12}A_{12} + (-1)^{1+3}a_{13}A_{13} =$$

$$+a_{11}\begin{vmatrix} a_{22} & a_{23} \\ a_{32} & a_{33} \end{vmatrix} - a_{12}\begin{vmatrix} a_{21} & a_{23} \\ a_{31} & a_{33} \end{vmatrix} + a_{13}\begin{vmatrix} a_{21} & a_{22} \\ a_{31} & a_{32} \end{vmatrix} =$$

$$+a_{11}(a_{22}a_{33} - a_{23}a_{32}) - a_{12}(a_{21}a_{33} - a_{23}a_{31}) + a_{13}(a_{21}a_{32} - a_{22}a_{31})$$

33

Schachbrettmuster für die Vorzeichen $(-1)^{i+j}$ im Entwicklungssatz:

$$\begin{vmatrix} + & - & + \\ - & + & - \\ + & - & + \end{vmatrix}$$

34

Beispiel:

Entwicklung nach der ersten Zeile:

$$\begin{vmatrix} 1 & 0 & 3 \\ 2 & 4 & -1 \\ 4 & 0 & -2 \end{vmatrix} = +1\begin{vmatrix} 4 & -1 \\ 0 & -2 \end{vmatrix} - 0\begin{vmatrix} 2 & -1 \\ 4 & -2 \end{vmatrix} + 3\begin{vmatrix} 2 & 4 \\ 4 & 0 \end{vmatrix}$$

$$= -8 - 0 - 48 = -56$$

Entwicklung nach der zweiten Zeile:

$$= -2\begin{vmatrix} 0 & 3 \\ 0 & -2 \end{vmatrix} + 4\begin{vmatrix} 1 & 3 \\ 4 & -2 \end{vmatrix} - (-1)\begin{vmatrix} 1 & 0 \\ 4 & 0 \end{vmatrix}$$

$$= 0 - 56 + 0 = -56$$

Entwicklung nach der zweiten Spalte:

$$= -0\begin{vmatrix} 2 & -1 \\ 4 & -2 \end{vmatrix} + 4\begin{vmatrix} 1 & 3 \\ 4 & -2 \end{vmatrix} - 0\begin{vmatrix} 1 & 3 \\ 4 & -2 \end{vmatrix}$$

$$= 0 - 56 - 0 = -56$$

Der Entwicklungssatz gestattet eine Verallgemeinerung auf quadratische Matrizen mit mehr als drei Zeilen. Obwohl alles folgende auch für $n > 3$ gilt, beschränken wir uns auf $n = 2$ und $n = 3$. Die folgenden Sätze beleuchten die Bedeutung von Determinanten und ihre Beziehung zu Vektoren des $\mathbb{R}^n$:

Satz 1: Genau dann sind n Vektoren des $\mathbb{R}^n$ linear abhängig, wenn die Determinante der aus ihnen gebildeten Matrix Null ist (Abb. 35).

Ein geometrischer Beweis hierzu ergibt sich aus dem unten folgenden Satz 3. Eine weitere Anwendung der Determinanten besteht in der expliziten Lösungsformel für Gleichungssysteme mit n Gleichungen und n Variablen. Wir wissen, daß das Gleichungssystem $A\vec{x} = \vec{b}$ eindeutig lösbar ist, wenn die Zeilen von A linear unabhängig sind (2.3, Beispiel 1). Nach Satz 1 ist dies genau dann der Fall, wenn $|A| \neq 0$ gilt. In diesem Fall hat man:

Die Vektoren

$$\begin{pmatrix} -1 \\ -2 \\ 3 \end{pmatrix} \begin{pmatrix} 3 \\ -1 \\ 2 \end{pmatrix} \begin{pmatrix} 7 \\ 0 \\ 1 \end{pmatrix}$$

sind linear abhängig, denn es gilt

$$\begin{vmatrix} -1 & 3 & 7 \\ -2 & -1 & 0 \\ 3 & 2 & 1 \end{vmatrix} = 0$$

Tatsächlich erhält man den ersten Vektor, indem man den dritten Vektor vom Doppelten des zweiten subtrahiert.

35

Satz 2 *(Cramersche Regel* nach G. Cramer, 1704–1752): Die Lösung des linearen Gleichungssystems $A\vec{x} = \vec{b}$ oder ausgeschrieben

$$a_{11}x_1 + a_{12}x_2 + a_{13}x_3 = b_1$$

$$a_{21}x_1 + a_{22}x_2 + a_{23}x_3 = b_2$$

$$a_{31}x_1 + a_{32}x_2 + a_{33}x_3 = b_3$$

Cramersche Regel für $n=2$:
Das Gleichungssystem

$$3x_1+4x_2=9$$
$$-2x_1-3x_2=-7$$

hat die Lösung:

$$x_1=\frac{\begin{vmatrix} 9 & 4 \\ -7 & -3 \end{vmatrix}}{\begin{vmatrix} 3 & 4 \\ -2 & -3 \end{vmatrix}}=\frac{-27+28}{-9+8}=-1$$

$$x_2=\frac{\begin{vmatrix} 3 & 9 \\ -2 & -7 \end{vmatrix}}{\begin{vmatrix} 3 & 4 \\ -2 & -3 \end{vmatrix}}=\frac{-21+18}{-9+8}=3$$

36

hat die Form

$$x_1=\frac{\begin{vmatrix} b_1 & a_{12} & a_{13} \\ b_2 & a_{22} & a_{23} \\ b_3 & a_{32} & a_{33} \end{vmatrix}}{|A|},\ x_2=\frac{\begin{vmatrix} a_{11} & b_1 & a_{13} \\ a_{21} & b_2 & a_{23} \\ a_{31} & b_3 & a_{33} \end{vmatrix}}{|A|},\ x_3=\frac{\begin{vmatrix} a_{11} & a_{12} & b_1 \\ a_{21} & a_{22} & b_2 \\ a_{31} & a_{32} & b_3 \end{vmatrix}}{|A|};$$

dabei ist $|A|=\begin{vmatrix} a_{11} & a_{12} & a_{13} \\ a_{21} & a_{22} & a_{23} \\ a_{31} & a_{32} & a_{33} \end{vmatrix}$ die „Hauptdeterminante" des Gleichungssystems. In Worten: Die Koordinate x_i des Lösungsfaktors $\vec{x}$ erhält man als Bruch, dessen Nenner $|A|$ ist und dessen Zähler sich als Determinante derjenigen Matrix ergibt, die aus A durch Ersetzen der i-ten Spalte durch den Vektor $\vec{b}$ hervorgeht.

Die Cramersche Regel gilt völlig analog auch für „quadratische Gleichungssysteme" mit $n \neq 3$ (Abb. 36).

Anmerkung: Während die Cramersche Regel nur für eindeutig lösbare Systeme mit n Gleichungen und n Variablen geeignet ist, läßt sich das Gaußsche Additionsverfahren auch für nicht eindeutig lösbare Systeme einsetzen, die zudem verschieden viele Gleichungen und Variable haben dürfen. Für größere Gleichungssysteme kommt wegen des geringeren Rechenaufwandes nur das Additionsverfahren in Betracht. Da Additionen auf Rechenanlagen weniger zeitaufwendig sind, vergleichen wir nur die Anzahl der benötigten Multiplikationen:

Bei Anwendung der *Cramerschen Regel* müssen $n+1$ Determinanten mit je $(n-1)n!$ Multiplikationen berechnet werden. Danach sind n Divisionen erforderlich. Für $n=10$ ergeben sich etwa 360 Mio „Punktrechnungen"!

Beim *Gaußschen Additionsverfahren* sind zur Annullierung der i-ten Spalte unterhalb der Diagonalen $(n-i)(n-i+1)=(n-i)^2+n-i$ Multiplikationen notwendig. Für $i=1,\dots,n-1$ ergibt das $\frac{1}{6}(n-1)n(2n-1)+\frac{1}{2}n(n-1)$ Multiplikationen. Zur Rückwärtsauflösung für x_i sind $n-i+1$ „Punktrechnungen" erforderlich, für $i=1,\dots,n$ also zusammen $1+2+\dots+n=\frac{n(n+1)}{2}$. Für $n=10$ ergeben sich so nur **395** „Punktrechnungen", also sehr viel weniger als bei Verwendung der Cramerschen Regel.

Geometrische Deutungen von Satz 1 und Satz 2 ergeben sich aus:

> **Satz 3:**
>
> (a) Die Determinante $\begin{vmatrix} a_1 & b_1 \\ a_2 & b_2 \end{vmatrix}$
>
> mit den Spalten $\vec{a} = \begin{pmatrix} a_1 \\ a_2 \end{pmatrix}$, $\vec{b} = \begin{pmatrix} b_1 \\ b_2 \end{pmatrix}$
>
> gibt den *orientierten Flächeninhalt* des Parallelogramms an, das in der Ebene von den Vektoren $\vec{a}$ und $\vec{b}$ aufgespannt wird (vgl. Abb. 37).
>
> (b) Die Determinante $\begin{vmatrix} a_1 & b_1 & c_1 \\ a_2 & b_2 & c_2 \\ a_3 & b_3 & c_3 \end{vmatrix}$
>
> mit den Spalten $\vec{a} = \begin{pmatrix} a_1 \\ a_2 \\ a_3 \end{pmatrix}$, $\vec{b} = \begin{pmatrix} b_1 \\ b_2 \\ b_3 \end{pmatrix}$, $\vec{c} = \begin{pmatrix} c_1 \\ c_2 \\ c_3 \end{pmatrix}$
>
> gibt das *orientierte Volumen* des Spats an, das im Raum von den Vektoren $\vec{a}$, $\vec{b}$ und $\vec{c}$ aufgespannt wird (vgl. Abb. 37 und 4.4).

Die **Orientierung** des Flächeninhaltes bzw. des Volumens ändert sich, wenn man zwei Spalten vertauscht.

Satz 1 folgt aus Satz 3 anschaulich dadurch, daß drei Vektoren des $\mathbb{R}^3$ genau dann linear abhängig sind, wenn der von ihnen aufgespannte Spat das Volumen 0 besitzt.

Die geometrische Deutung von Satz 2 ergibt sich aus Satz 3 für $n=2$ (und analog für $n=3$) durch folgende Fragestellung: Mit welchen Koeffizienten x_1 und $x_2 \in \mathbb{R}$ hat man die Vektoren $\vec{a}$ und $\vec{b}$ einer Basis von $\mathbb{R}^2$ linear zu kombinieren, um einen Vektor $\vec{c}$ zu erhalten?

Wir erhalten die Gleichung

$$x_1 \vec{a} + x_2 \vec{b} = \vec{c}$$

bzw. das lineare Gleichungssystem

$$a_1 x_1 + b_1 x_2 = c_1$$
$$a_2 x_1 + b_2 x_2 = c_2$$

Zu Satz 3a:

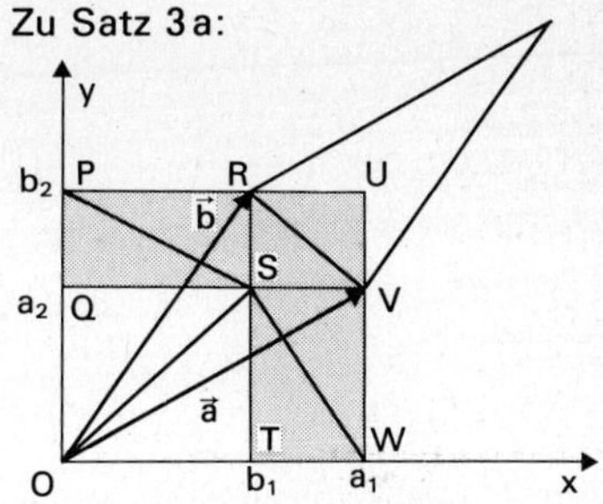

Die Determinante

$$D := \begin{vmatrix} a_1 & b_1 \\ a_2 & b_2 \end{vmatrix} = a_1 b_2 - a_2 b_1$$

gibt den Inhalt der schattierten Fläche PQSTWU an. Daher hat die Inhaltssumme der Dreiecke PSR, SWV und RSV den Wert $\frac{D}{2}$.

Scheren wir PSR nach OSR und WVS nach OVS, erhalten wir: Auch das Dreieck OVR hat den Inhalt $\frac{D}{2}$. Damit ist aber der Inhalt des Parallelogramms gerade D.

zu Satz 3b:

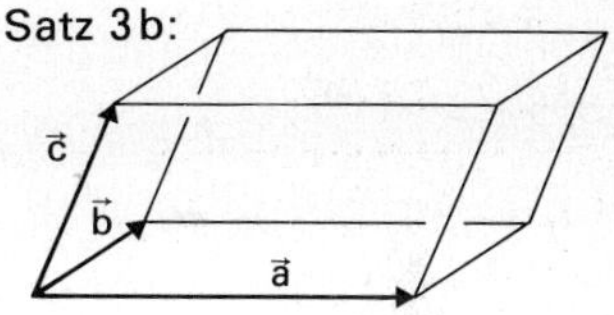

37

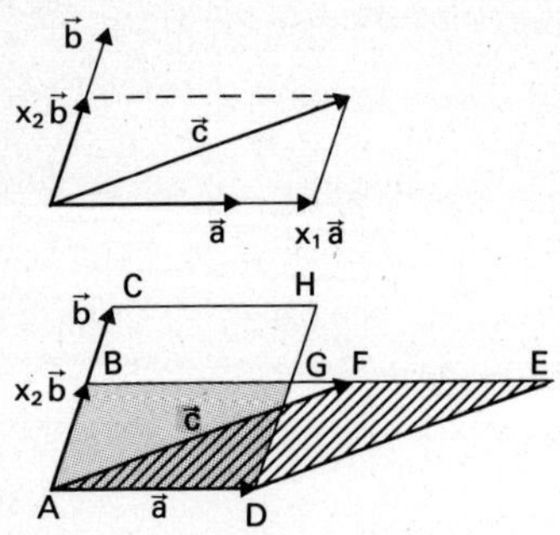

38

Der Abb. 38 entnimmt man z. B. für x_2:

$$x_2 = \frac{\overline{AB}}{\overline{AC}} = \frac{F(ADGB)}{F(ADHC)} = \frac{F(ADEF)}{F(ADHC)} = \frac{\begin{vmatrix} a_1 & c_1 \\ a_2 & c_2 \end{vmatrix}}{\begin{vmatrix} a_1 & b_1 \\ a_2 & b_2 \end{vmatrix}}$$

(F steht für Flächeninhalt). Damit haben wir die Cramersche Regel mit geometrischen Überlegungen aus Satz 3 hergeleitet.

3 Geraden und Ebenen

3.1 $\mathbb{R}^n$ als Punktraum und als Vektorraum

Punkte im Anschauungsraum lassen sich nach Einführung eines Koordinatensystems eindeutig durch Koordinatentripel darstellen. Wir schreiben (vgl. Abb. 39) $P=(1|2|4)$ bzw. $Q=(2|3|1)$ und vereinbaren: *Punkte* sollen durch waagerecht geschriebene Koordinatentripel bezeichnet werden. Wie in 1.1 erläutert, legt jedes Punktepaar (P, Q) eine Pfeilklasse $\overrightarrow{PQ}$ fest, die wir mit Hilfe der Koordinatendifferenzen mit einem Vektor des $\mathbb{R}^3$ identifizieren können (vgl. Abb. 40). Die Pfeilklassen bzw. *Vektoren* des $\mathbb{R}^3$ beschreiben wir (im Gegensatz zu den Punkten) weiterhin durch *senkrecht* geschriebene Zahlentripel.
Durch ein Koordinatensystem ist der Ursprung $O=(0|0|0)$ ausgezeichnet. Durch folgende Zuordnung können wir jedem Punkt P umkehrbar eindeutig einen Vektor $\overrightarrow{OP}$ aus $\mathbb{R}^3$ zuordnen:

Menge aller Punkte im Raum	$\rightarrow$	Vektorraum $\mathbb{R}^3$
P	$\mapsto$	$\overrightarrow{OP}$
$(x_1\|x_2\|x_3)$	$\mapsto$	$\begin{pmatrix} x_1 \\ x_2 \\ x_3 \end{pmatrix}$

Der Vektor $\overrightarrow{OP}$ heißt *Ortsvektor* des Punktes P. Aufgrund dieser Zuordnung können wir Vektormengen durch Punktmengen veranschaulichen und umgekehrt Punktmengen vektoriell beschreiben: Die zu eindimensionalen linearen Mannigfaltigkeiten in $\mathbb{R}^3$ gehörenden Punktmengen sind die Geraden, zweidimensionale lineare Mannigfaltigkeiten werden durch Ebenen veranschaulicht (vgl. Abb. 9 bis Abb. 11).

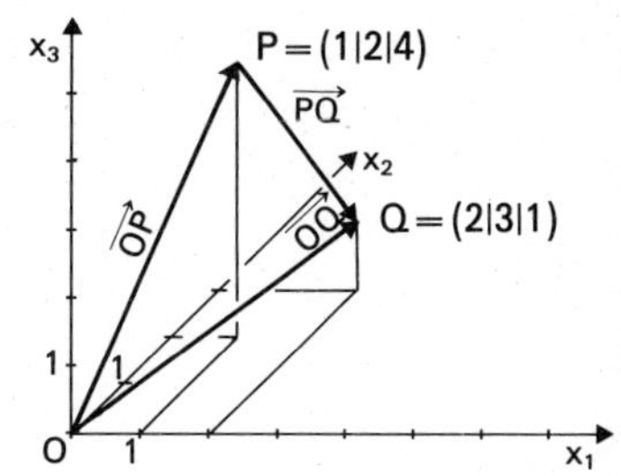

39

$$\overrightarrow{PQ} = \begin{pmatrix} 2-1 \\ 3-2 \\ 1-4 \end{pmatrix} = \begin{pmatrix} 1 \\ 1 \\ -3 \end{pmatrix}$$

$$\overrightarrow{OP} = \begin{pmatrix} 1 \\ 2 \\ 4 \end{pmatrix} \quad \overrightarrow{OQ} = \begin{pmatrix} 2 \\ 3 \\ 1 \end{pmatrix}$$

$$\overrightarrow{PQ} = \overrightarrow{OQ} - \overrightarrow{OP}$$

40

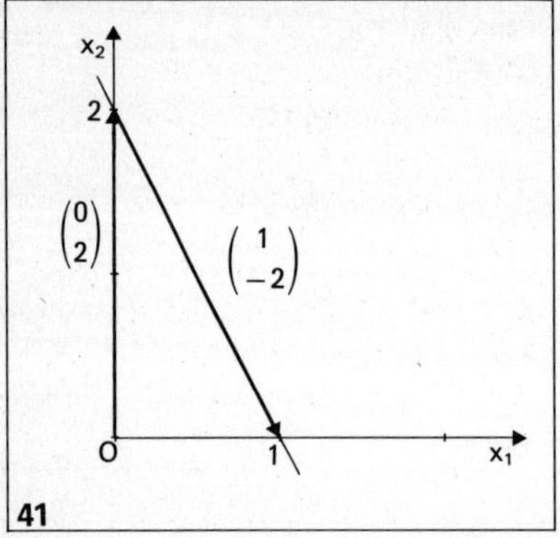

41

Beispiel: Die Gleichung $2x_1+x_2=2$ hat die Lösungen $x_1=t$, $x_2=-2t+2$ mit $t\in\mathbb{R}$. Man kann sie als *Punkte* $X=(t|-2t+2)$ der Ebene oder als die zugehörigen *Vektoren*

$$\vec{x}=\begin{pmatrix} t \\ -2t+2 \end{pmatrix}=\begin{pmatrix} 0 \\ 2 \end{pmatrix}+t\begin{pmatrix} 1 \\ -2 \end{pmatrix}$$

des Vektorraumes $\mathbb{R}^2$ deuten (Abb. 41).

Faßt man die Lösungen als Punkte der Ebene auf, so erhält man als geometrische Veranschaulichung eine Gerade, faßt man sie als Vektoren auf, so läßt sich die Lösungsmenge als die lineare Mannigfaltigkeit $\begin{pmatrix} 0 \\ 2 \end{pmatrix}\oplus\left\langle\begin{pmatrix} 1 \\ -2 \end{pmatrix}\right\rangle$ in $\mathbb{R}^2$ algebraisch deuten.

3.2 Geraden in der Ebene und im Raum

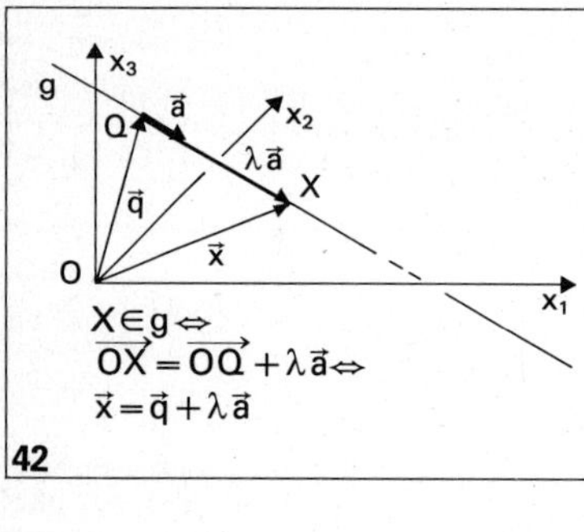

42

Parameterform und parameterfreie Form

Eine Gerade ist eindeutig durch einen festen Punkt $Q=(q_1|q_2|q_3)$ und einen Vektor $\vec{a}=\begin{pmatrix} a_1 \\ a_2 \\ a_3 \end{pmatrix}\neq\vec{o}$ festgelegt. Gemäß Abb. 42 gilt:

$$g=\{X|\overrightarrow{OX}=\overrightarrow{OQ}+\lambda\vec{a},\ \lambda\in\mathbb{R}\}$$

$$=\left\{(x_1|x_2|x_3)\,\middle|\,\begin{pmatrix} x_1 \\ x_2 \\ x_3 \end{pmatrix}=\begin{pmatrix} q_1 \\ q_2 \\ q_3 \end{pmatrix}+\lambda\begin{pmatrix} a_1 \\ a_2 \\ a_3 \end{pmatrix},\ \lambda\in\mathbb{R}\right\}$$

$$=\left\{(x_1|x_2|x_3)\,\middle|\,\begin{array}{l} x_1=q_1+\lambda a_1 \text{ und } x_2=q_2+\lambda a_2 \\ \text{und } x_3=q_3+\lambda a_3,\ \lambda\in\mathbb{R} \end{array}\right\}.$$

Meist verzichtet man auf die Mengenschreibweise und gibt zur Beschreibung nur die Geradengleichung an:

(1) $g\colon \vec{x}=\vec{q}+\lambda\vec{a}$.

$\vec{q}$ nennt man den *Stützvektor,* $\vec{a}$ den *Richtungsvektor* zu g. Wegen $\vec{a}\neq\vec{o}$ ist eine der Komponenten von $\vec{a}$ von 0 verschieden. Ist $a_3\neq 0$, dann kann man

λ aus der Geradengleichung eliminieren. Es ist $\lambda = \frac{x_3 - q_3}{a_3}$ und

$$x_1 = \frac{a_1}{a_3}(x_3 - q_3) + q_1, \quad x_2 = \frac{a_2}{a_3}(x_3 - q_3) + q_2.$$

Wir erhalten zur Beschreibung der Geraden ein lineares Gleichungssystem aus zwei Gleichungen mit drei Variablen:

$$(2) \quad \begin{aligned} 1x_1 + 0x_2 - \frac{a_1}{a_3}x_3 &= -\frac{a_1}{a_3}q_3 + q_1 \\ 0x_1 + 1x_2 - \frac{a_2}{a_3}x_3 &= -\frac{a_2}{a_3}q_3 + q_2. \end{aligned}$$

Wegen des Parameters λ heißt die Gleichung in (1) *Parameterdarstellung,* das lineare Gleichungssystem in (2) *parameterfreie Darstellung* der Geraden g (vgl. Abb. 43 und Abb. 44).
Wie man aus der parameterfreien Form der Geradengleichung die Parameterform zurückgewinnen kann, ergibt sich aus 2.2 und 2.3.

Beispiel (Raum):
Die Gerade

$$g: \vec{x} = \begin{pmatrix} 1 \\ 2 \\ 3 \end{pmatrix} + \lambda \begin{pmatrix} 4 \\ 3 \\ 2 \end{pmatrix}$$

wird parameterfrei beschrieben durch das Gleichungssystem

$$\begin{aligned} 1x_1 + 0x_2 - 2x_3 &= -5 \\ 0x_1 + 1x_2 - 1{,}5x_3 &= -2{,}5 \end{aligned}$$

43

Beispiel (Ebene):
Die Gerade

$$g: \vec{x} = \begin{pmatrix} 1 \\ 2 \end{pmatrix} + \lambda \begin{pmatrix} 3 \\ 2 \end{pmatrix}$$

hat die parameterfreie Darstellung

$$2x_1 - 3x_2 = -4$$

44

Beispiel: Das inhomogene lineare Gleichungssystem

$$\begin{aligned} 1x_1 + 0x_2 - 2x_3 &= -5 \\ 0x_1 + 1x_2 - 1{,}5x_3 &= -2{,}5 \end{aligned}$$

(vgl. Abb. 43) hat den eindimensionalen homogenen Lösungsraum $V_h = \left\langle \begin{pmatrix} 2 \\ 1{,}5 \\ 1 \end{pmatrix} \right\rangle$ und die spezielle Lösung $\vec{x}_0 = \begin{pmatrix} 5 \\ 5 \\ 5 \end{pmatrix}$. Damit ergibt sich die Lösungsmenge

$$\left\{ \begin{pmatrix} 5 \\ 5 \\ 5 \end{pmatrix} + \lambda \begin{pmatrix} 2 \\ 1{,}5 \\ 1 \end{pmatrix}, \lambda \in \mathbb{R} \right\} = \left\{ \begin{pmatrix} 1 \\ 2 \\ 3 \end{pmatrix} + \lambda \begin{pmatrix} 4 \\ 3 \\ 2 \end{pmatrix}, \lambda \in \mathbb{R} \right\}$$

als lineare Mannigfaltigkeit von $\mathbb{R}^3$ und gleichzeitig die Parameterform der Geraden.

(1) Die Koeffizientenmatrix *einer* linearen Gleichung mit *zwei* Variablen habe den Rang 1 (d. h. die Koeffizienten seien nicht alle Null). Dann stellt die lineare Lösungsmannigfaltigkeit eine *Gerade in der Ebene* dar (vgl. Abb. 44).

(2) Die Koeffizientenmatrix eines Systems aus *zwei* linearen Gleichungen mit *drei* Variablen habe den Rang 2 (d. h. die beiden Koeffizientenvektoren seien linear unabhängig). Dann stellt die lineare Lösungsmannigfaltigkeit eine *Gerade im Raum* dar (vgl. Abb. 43).

(3) Wenn die Gleichungen in (1) und (2) homogen sind, dann verlaufen die Geraden durch den Koordinatenursprung.

zu (a):

$g: \vec{x} = \vec{p} + \lambda \vec{a}$
$h: \vec{x} = \vec{q} + \mu \vec{b}$

Schnittpunkt:

$\vec{p} + \lambda \vec{a} = \vec{q} + \mu \vec{b}$ oder

$a_1 \lambda - b_1 \mu = q_1 - p_1$
$a_2 \lambda - b_2 \mu = q_2 - p_2$
$a_3 \lambda - b_3 \mu = q_3 - p_3$

45

zu (b):

$$\left.\begin{array}{l}\left.\begin{array}{l}\text{Ebene } E_1\\ \text{Ebene } E_2\end{array}\right\}\text{Gerade } g\\ \left.\begin{array}{l}\text{Ebene } E_3\\ \text{Ebene } E_4\end{array}\right\}\text{Gerade } h\end{array}\right\} g \cap h$$

$$\left\{\begin{array}{l} a_{11}x_1 + a_{12}x_2 + a_{13}x_3 = b_1\\ a_{21}x_1 + a_{22}x_2 + a_{23}x_3 = b_2\end{array}\right.$$
$$\left\{\begin{array}{l} a_{31}x_1 + a_{32}x_2 + a_{33}x_3 = b_3\\ a_{41}x_1 + a_{42}x_2 + a_{43}x_3 = b_4\end{array}\right.$$

46

Schnittpunktbestimmung von Geraden im Raum

Möchte man den Schnittpunkt zweier Geraden im Raum bestimmen, so hat man

(a) entweder ein System von drei Gleichungen mit zwei Variablen zu lösen, falls die Geraden in Parameterform gegeben sind (vgl. Abb. 45)

(b) oder ein System aus vier Gleichungen mit drei Variablen zu lösen, wenn die Geraden parameterfrei gegeben sind (Abb. 46).

Die Lösungsmenge der Gleichungssysteme (a) und (b) kann *leer* sein (kein Schnittpunkt, weil die Geraden windschief oder parallel zueinander liegen), sie kann *genau ein Element* haben oder *unendlich viele Elemente* besitzen (wenn die Geraden identisch sind).

Die Lage der Geraden g und h mit den Parameterdarstellungen

$$g: \vec{x} = \vec{p} + \lambda \vec{a}$$
$$h: \vec{x} = \vec{q} + \mu \vec{b}$$

läßt sich auch wie folgt ermitteln:

(1) *Falls die Richtungsvektoren $\vec{a}$ und $\vec{b}$ linear unabhängig sind,* verlaufen die Geraden nicht parallel zueinander. Es gibt dann zwei Möglichkeiten:

(a) Die Geraden verlaufen in einer Ebene und sie schneiden sich in einem Punkt. Das ist genau dann der Fall, wenn der Verbindungsvektor $\vec{q}-\vec{p}$ der Stützpunkte Linearkombination von $\vec{a}$ und $\vec{b}$ ist (Abb. 47).

(b) Die Geraden liegen windschief. Das ist genau dann der Fall, wenn die Vektoren $\vec{q}-\vec{p}$, $\vec{a}$ und $\vec{b}$ linear unabhängig sind (vgl. Abb. 48).

(2) *Falls die Richtungsvektoren $\vec{a}$ und $\vec{b}$ linear abhängig sind,* verlaufen die Geraden parallel zueinander. Auch hier gibt es zwei Möglichkeiten:

(a) Die Geraden sind identisch. Das ist genau dann der Fall, wenn $\vec{q}-\vec{p}$ Vielfaches von $\vec{a}$ (oder $\vec{b}$) ist (Abb. 49).

(b) Die Geraden sind nicht identisch. Das ist genau dann der Fall, wenn der Verbindungsvektor der Stützpunkte $\vec{q}-\vec{p}$ kein Vielfaches des Richtungsvektors $\vec{a}$ (oder $\vec{b}$) ist.

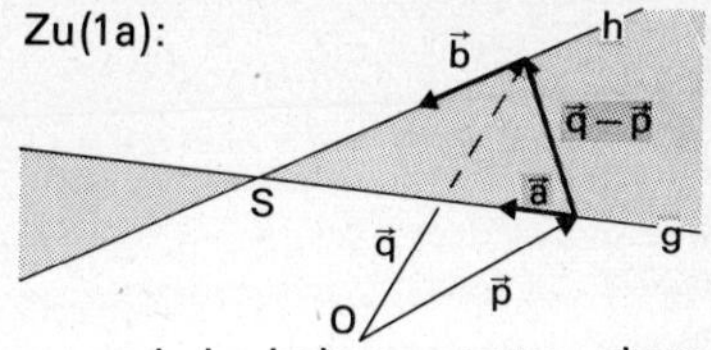

g und h haben genau einen Schnittpunkt; sie liegen in einer Ebene

47

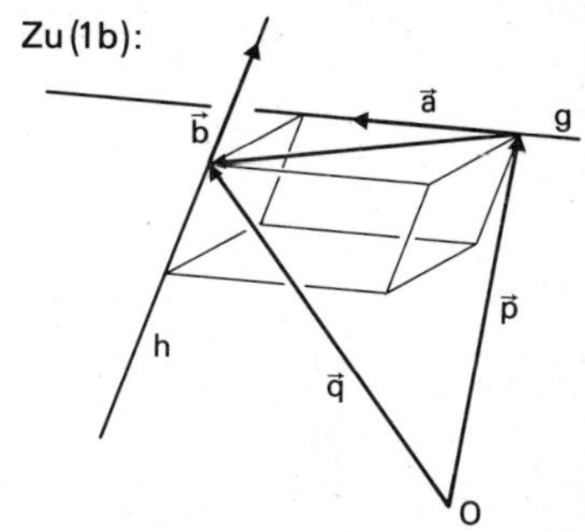

g und h sind windschief

48

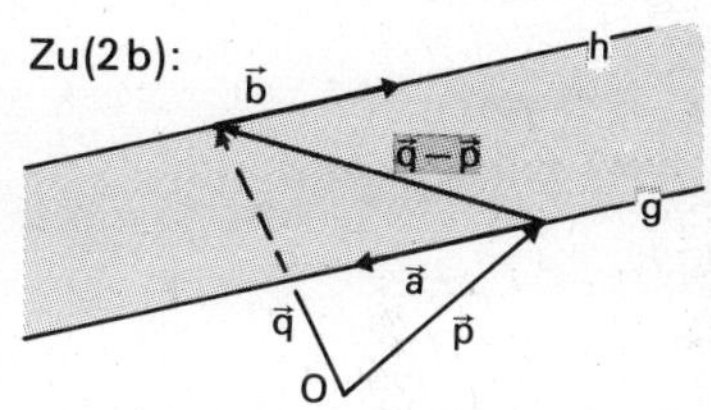

g und h liegen parallel ohne miteinander identisch zu sein

49

Beispiel: Die Geraden g und h seien definiert durch

$$g\colon \vec{x}=\begin{pmatrix}2\\3\\0\end{pmatrix}+\lambda\begin{pmatrix}1\\2\\-1\end{pmatrix} \quad \text{und} \quad h\colon \vec{x}=\begin{pmatrix}2\\1\\2\end{pmatrix}+\mu\begin{pmatrix}2\\0\\2\end{pmatrix}$$
$$=\vec{p}+\lambda\vec{a} \qquad\qquad =\vec{q}+\mu\vec{b}.$$

Die Richtungsvektoren $\vec{a}$ und $\vec{b}$ sind linear unabhängig, g und h liegen nicht parallel. Es gilt $\vec{q}-\vec{p}=\vec{b}-2\vec{a}$. Damit ist der Verbindungsvektor der Stützpunkte Linearkombination der Richtungsvektoren. Die Geraden g und h liegen in einer Ebene, sie haben genau einen Schnittpunkt. Die Parameter des Schnittpunktes erhält man aus:

$$\begin{pmatrix}2\\3\\0\end{pmatrix}+\lambda\begin{pmatrix}-1\\2\\-1\end{pmatrix}=\begin{pmatrix}2\\1\\2\end{pmatrix}+\mu\begin{pmatrix}2\\0\\2\end{pmatrix} \Leftrightarrow \left\{\begin{aligned}\lambda-2\mu&=0\\ 2\lambda\qquad&=-2\\ -\lambda-2\mu&=2\end{aligned}\right. .$$

Es ergibt sich $\lambda=-1$ und $\mu=-\frac{1}{2}$. Der Schnittpunkt ist somit $P=(1|1|1)$.

3.3 Teilverhältnis von Strecken

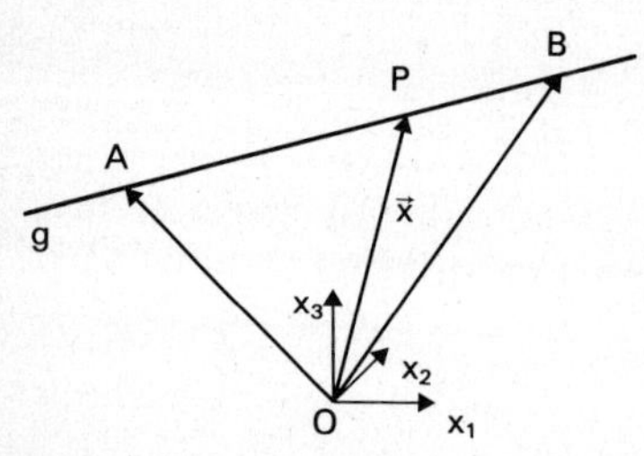

50

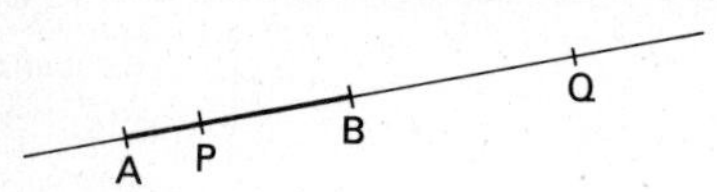

$t(AB, P) = \frac{1}{2}$
$t(AB, Q) = -2$
51

Mit der vektoriellen Darstellung von Geraden (3.2) beweisen wir nun einige Sätze, in denen Begriffe wie Strecken, Parallelität und Teilverhältnisse, nicht jedoch Begriffe wie Winkel, Orthogonalität und Längen Verwendung finden. Die Sätze der ersten Art bezeichnet man als *„affine"* Sätze, die der zweiten Art als *„metrische"* Sätze. Letztere können erst nach Einführung von Skalarprodukt und Längenmaß (Metrik) in 4.2 und 5.2 behandelt werden. Weitere Sätze der affinen Geometrie befinden sich in 5.1. (Vgl. auch **affine Ebene.**)
Sind A, B Punkte im Raum oder in der Ebene, so hat die Verbindungs*gerade* g_{AB} die folgende Gleichung (vgl. Abb. 50):

$$g_{AB}: \vec{x} = \overrightarrow{OA} + \mu \overrightarrow{AB} \quad (\mu \in \mathbb{R});$$

sie läßt sich umformen zu

$$g_{AB}: \vec{x} = \overrightarrow{OA} + \mu(\overrightarrow{OB} - \overrightarrow{OA}) = (1-\mu)\overrightarrow{OA} + \mu\overrightarrow{OB} \quad (\mu \in \mathbb{R}).$$

Für die Verbindungs*strecke* AB ergibt sich:

$$AB: \vec{x} = (1-\mu)\overrightarrow{OA} + \mu\overrightarrow{OB} \quad (0 \leq \mu \leq 1).$$

In Abb. 51 gilt $\overrightarrow{AP} = \frac{1}{2}\overrightarrow{PB}$ und $\overrightarrow{AQ} = -2\overrightarrow{QB}$.
Man sagt, P teilt die Strecke AB im Verhältnis 1:2 oder $\frac{1}{2}$, Q teilt sie im Verhältnis 2:(−1) oder −2.

> Ein Punkt P teilt die Strecke AB im Verhältnis λ, wenn gilt $\overrightarrow{AP} = \lambda\overrightarrow{PB}$. Die Zahl $\lambda =: t(AB, P)$ heißt *Teilverhältnis* von P bzgl. AB. Genau dann gilt
> $t(AB, P) = \lambda$, wenn $\overrightarrow{AP} = \frac{\lambda}{\lambda+1}\overrightarrow{AB}$.

Ist λ positiv, dann liegt der Teilpunkt P zwischen A und B, bei negativem λ liegt er außerhalb der Strecke AB.
Es folgen Beispiele für Sätze der affinen Geometrie:

Satz vom Schwerpunkt eines Dreiecks: Die Seitenhalbierenden eines Dreiecks ABC schneiden sich in einem Punkt S, dem Schwerpunkt. S teilt

die Seitenhalbierenden im Verhältnis 2:1.
Mit $\vec{a} := \overrightarrow{OA}$, $\vec{b} := \overrightarrow{OB}$ und $\vec{c} := \overrightarrow{OC}$ gilt
$\overrightarrow{OS} = \frac{1}{3}(\vec{a} + \vec{b} + \vec{c})$.

Beweis: Mit den Bezeichnungen von Abb. 52 gilt für die Seitenhalbierenden

$$\vec{s}_a = \overrightarrow{AB} + \frac{1}{2}\overrightarrow{BC} = (\vec{b} - \vec{a}) + \frac{1}{2}(\vec{c} - \vec{b})$$

$$= -\vec{a} + \frac{1}{2}\vec{b} + \frac{1}{2}\vec{c},$$

$$\vec{s}_b = \overrightarrow{BC} + \frac{1}{2}\overrightarrow{CA} = (\vec{c} - \vec{b}) + \frac{1}{2}(\vec{a} - \vec{c})$$

$$= -\vec{b} + \frac{1}{2}\vec{c} + \frac{1}{2}\vec{a},$$

$$\vec{s}_c = \overrightarrow{CA} + \frac{1}{2}\overrightarrow{AB} = (\vec{a} - \vec{c}) + \frac{1}{2}(\vec{b} - \vec{a})$$

$$= -\vec{c} + \frac{1}{2}\vec{a} + \frac{1}{2}\vec{b}.$$

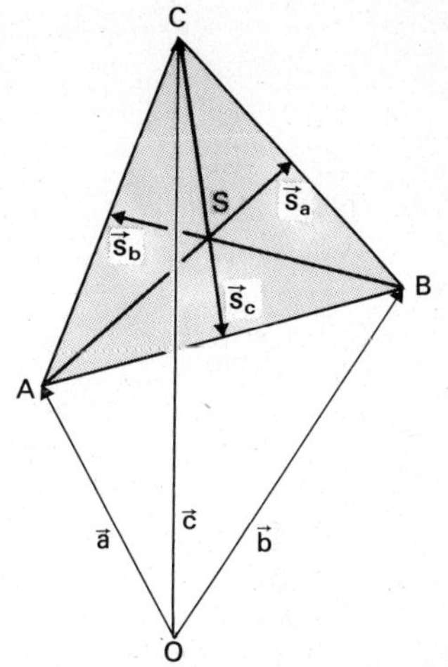

52

Die Punkte S_1, S_2, S_3 mit

$$\overrightarrow{OS}_1 := \vec{a} + \frac{2}{3}\vec{s}_a$$

$$\overrightarrow{OS}_2 := \vec{b} + \frac{2}{3}\vec{s}_b$$

$$\overrightarrow{OS}_3 := \vec{c} + \frac{2}{3}\vec{s}_c$$

liegen nach Konstruktion jeweils auf einer der drei Seitenhalbierenden. Durch Einsetzen erhalten wir

$$\overrightarrow{OS}_1 = \vec{a} + \frac{2}{3}\left(-\vec{a} + \frac{1}{2}\vec{b} + \frac{1}{2}\vec{c}\right) = \frac{1}{3}\vec{a} + \frac{1}{3}\vec{b} + \frac{1}{3}\vec{c}$$

$$\overrightarrow{OS}_2 = \vec{b} + \frac{2}{3}\left(-\vec{b} + \frac{1}{2}\vec{c} + \frac{1}{2}\vec{a}\right) = \frac{1}{3}\vec{a} + \frac{1}{3}\vec{b} + \frac{1}{3}\vec{c}$$

$$\overrightarrow{OS}_3 = \vec{c} + \frac{2}{3}\left(-\vec{c} + \frac{1}{2}\vec{a} + \frac{1}{2}\vec{b}\right) = \frac{1}{3}\vec{a} + \frac{1}{3}\vec{b} + \frac{1}{3}\vec{c}.$$

Damit stimmen die Punkte S_1, S_2 und S_3 überein, die Seitenhalbierenden schneiden sich also in einem Punkt S. (Ein anderer Beweis dieses Satzes ergibt sich durch Spezialisierung des Beweises zum Satz von Ceva, s. u.)

Satz von Varignon (nach P. Varignon, 1654–1722): Gegeben sei ein Viereck ABCD, dessen Ecken nicht notwendig in einer Ebene liegen müssen. Dann schneiden sich die Verbindungsgeraden gegenüberliegender Seitenmitten in einem Punkt S. Mit $\vec{a} := \overrightarrow{OA}$, $\vec{b} := \overrightarrow{OB}$, $\vec{c} := \overrightarrow{OC}$ und $\vec{d} := \overrightarrow{OD}$ gilt $\overrightarrow{OS} = \frac{1}{4}(\vec{a}+\vec{b}+\vec{c}+\vec{d})$ (vgl. Abb. 53).

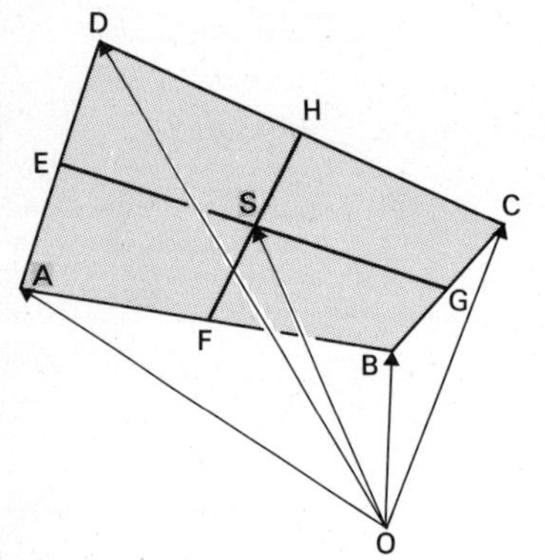

53

Beweis: Wir benutzen die Bezeichnungen von Abb. 53. Sind E, F, G, H die Seitenmitten, dann gilt für den Mittelpunkt S_1 der Strecke FH

$$\overrightarrow{OS_1} = \vec{a} + \frac{1}{2}\overrightarrow{AB} + \frac{1}{2}\left(\frac{1}{2}\overrightarrow{AB} + \overrightarrow{BC} + \frac{1}{2}\overrightarrow{CD}\right)$$

$$= \vec{a} + \frac{3}{4}\overrightarrow{AB} + \frac{1}{2}\overrightarrow{BC} + \frac{1}{4}\overrightarrow{CD}$$

$$= \vec{a} + \frac{3}{4}(\vec{b}-\vec{a}) + \frac{1}{2}(\vec{c}-\vec{b}) + \frac{1}{4}(\vec{d}-\vec{c})$$

$$= \frac{1}{4}\vec{a} + \frac{1}{4}\vec{b} + \frac{1}{4}\vec{c} + \frac{1}{4}\vec{d}.$$

Durch eine analoge Rechnung erhält man für den Mittelpunkt S_2 der Strecke EG die gleiche vektorielle Darstellung. Damit ist der Satz von Varignon bewiesen.

Satz von Ceva (nach G. Ceva, 1647–1734): Gegeben sei ein Dreieck ABC mit den Seiten a, b, c und ein Punkt M, der auf keiner der Dreieckseiten liegen möge. Die Gerade g_{AM} schneide a im Punkt A′, die Gerade g_{BM} schneide b im Punkt B′ und die Gerade g_{CM} schneide c im Punkt C′. Dann gilt stets: $t(AB, C') \cdot t(BC, A') \cdot t(CA, B') = 1$.

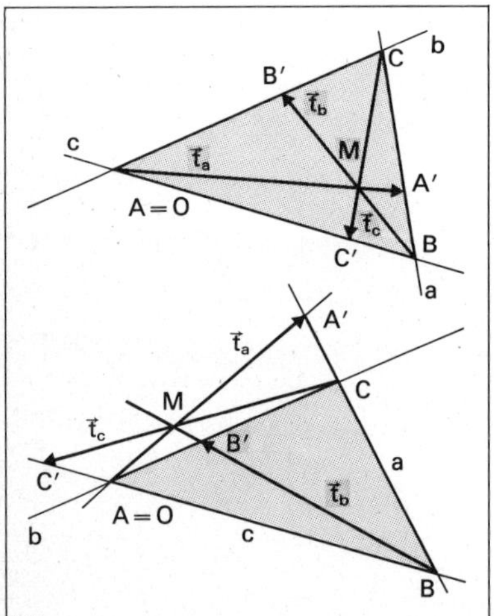

54

Beweis (vgl. Abb. 54): Wir legen den Ursprung des Koordinatensystems in den Punkt A und bezeichnen die Ortsvektoren zu den Punkten durch die entsprechenden kleinen lateinischen Buchstaben (z. B. $\vec{c}' := \overrightarrow{OC'}$, $\vec{m} := \overrightarrow{OM}$ ...). Wie schon oben erwähnt folgt

$$\text{aus } \lambda := t(AB, C'): \quad \overrightarrow{AC'} = \frac{\lambda}{\lambda+1}\overrightarrow{AB},$$

$$\text{aus } \mu := t(BC, A'): \quad \overrightarrow{BA'} = \frac{\mu}{\mu+1}\overrightarrow{BC},$$

aus $\nu := t(CA, B')$: $\overrightarrow{CB'} = \frac{\nu}{\nu+1} \overrightarrow{CA}$.

Hieraus ergibt sich

$$\vec{t}_a = \overrightarrow{AB} + \overrightarrow{BA'} = \vec{b} + \frac{\mu}{\mu+1} \overrightarrow{BC}$$

$$= \vec{b} + \frac{\mu}{\mu+1} (\vec{c} - \vec{b}) = \frac{1}{\mu+1} \vec{b} + \frac{\mu}{\mu+1} \vec{c}$$

$$\vec{t}_b = \overrightarrow{BC} + \overrightarrow{CB'} = (\vec{c} - \vec{b}) + \frac{\nu}{\nu+1} (-\vec{c})$$

$$= -\vec{b} + \frac{1}{\nu+1} \vec{c}.$$

(a) Wir berechnen den Punkt M als Schnittpunkt der durch $\vec{t}_a$ und $\vec{t}_b$ definierten Geraden. Dazu suchen wir Zahlen α und β mit $\alpha \vec{t}_a = \vec{b} + \beta \vec{t}_b$, also

$$\alpha \left(\frac{1}{\mu+1} \vec{b} + \frac{\mu}{\mu+1} \vec{c} \right) = (1-\beta) \vec{b} + \frac{\beta}{\nu+1} \vec{c}.$$

Zusammenfassen der Terme mit $\vec{b}$ und $\vec{c}$ liefert

$$\left(\frac{\alpha}{\mu+1} + \beta - 1 \right) \vec{b} + \left(-\frac{\beta}{\nu+1} + \frac{\alpha\mu}{\mu+1} \right) \vec{c} = \vec{o}.$$

Da die Vektoren $\vec{b}$ und $\vec{c}$ ein Dreieck aufspannen, sind sie linear unabhängig, die Koeffizienten von $\vec{b}$ und $\vec{c}$ müssen also verschwinden. Daraus ergibt sich

$$\alpha = \frac{\mu+1}{\mu(\nu+1)+1}, \quad \beta = \frac{\mu(\nu+1)}{\mu(\nu+1)+1}.$$

(b) Wir berechnen den Punkt C′ als Schnittpunkt von b mit der durch $\vec{t}_c$ definierten Geraden: Gemäß Abb. 54 gibt es eine Zahl $\gamma \in \mathbb{R}$ mit $\overrightarrow{CA} + \overrightarrow{AC'} = \gamma \overrightarrow{CM}$, also

$$-\vec{c} + \frac{\lambda}{\lambda+1} \vec{b} = \gamma(-\vec{c} + \alpha \vec{t}_a).$$

Einsetzen von α und $\vec{t}_a$ liefert

$$-\vec{c} + \frac{\lambda}{\lambda+1} \vec{b}$$

$$= \gamma \left(-\vec{c} + \frac{1}{\mu(\nu+1)+1} \vec{b} + \frac{\mu}{\mu(\nu+1)+1} \vec{c} \right).$$

Durch Zusammenfassen der Terme mit $\vec{b}$ und $\vec{c}$ und Ausnutzen der linearen Unabhängigkeit erhalten wir die Gleichungen

$$\frac{\lambda}{\lambda+1}=\frac{\gamma}{\mu(\nu+1)+1} \quad \text{und}$$

$$1=\gamma-\frac{\gamma\mu}{\mu(\nu+1)+1}=\gamma\frac{\mu\nu+1}{\mu(\nu+1)+1}.$$

Durch Auflösen der zweiten Gleichung nach γ und Einsetzen in die erste Gleichung folgt

$$\frac{\lambda}{\lambda+1}=\frac{1}{\mu\nu+1}.$$

Durch Kehrwertbildung auf beiden Seiten folgt

$$1+\frac{1}{\lambda}=\mu\nu+1, \quad \text{also} \quad \lambda\mu\nu=1.$$

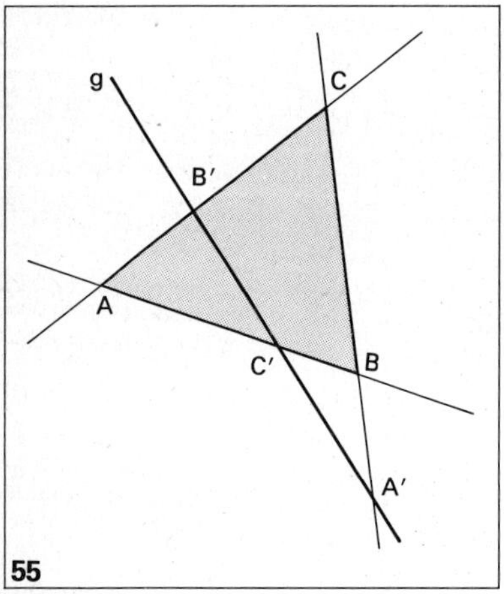

55

Satz des Menelaos (nach Menelaos von Alexandria, ca. 100 n. Chr.): Wenn die Seiten eines Dreiecks ABC durch eine Gerade g in den Punkten A′, B′, C′ geschnitten werden, dann gilt $t(AB,C')\cdot t(BC,A')\cdot t(CA,B')=-1$ (vgl. Abb. 55).

Beweis: Wir beweisen den in Abb. 56 angedeuteten Sonderfall des Satzes unter Benutzung eines Koordinatensystems. Es gilt $A=(0|0)$, $B=(1|0)$, $C=(0|1)$. Die Gerade g schneidet zwei Dreiecksseiten in $B'=(0|y_0)$ und $C'=(x_0|0)$. Den dritten Schnittpunkt bestimmt man aus der Gleichung

$$\overrightarrow{AC}+\mu\overrightarrow{CB}=\overrightarrow{AB'}+\lambda\overrightarrow{B'C'} \quad \text{oder}$$

$$\begin{pmatrix}0\\1\end{pmatrix}+\mu\begin{pmatrix}1\\-1\end{pmatrix}=\begin{pmatrix}0\\y_0\end{pmatrix}+\lambda\begin{pmatrix}x_0\\-y_0\end{pmatrix}.$$

Eine kurze Rechnung liefert $\mu=\dfrac{x_0-x_0y_0}{x_0-y_0}$.

Nun gilt

$$t(BC,A')=\varkappa \Leftrightarrow \overrightarrow{BA'}=\varkappa\overrightarrow{A'C}$$

$$\Leftrightarrow (\mu-1)\overrightarrow{CB}=\varkappa(-\mu)\overrightarrow{CB}$$

$$\Leftrightarrow \varkappa=\frac{1-\mu}{\mu}.$$

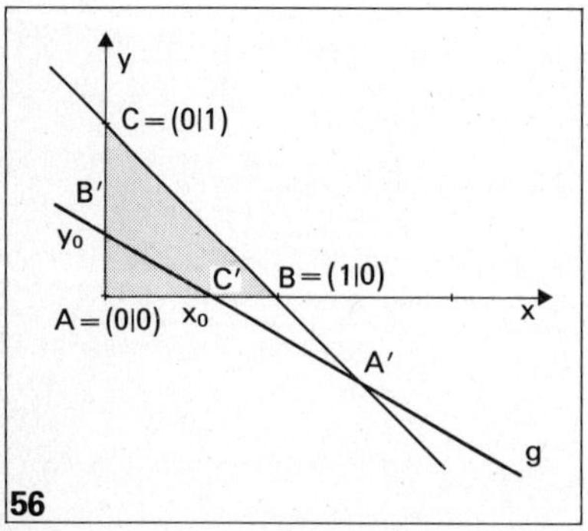

56

Durch Einsetzen von μ erhält man

$$t(BC, A') = \frac{x_0 y_0 - y_0}{x_0 - x_0 y_0}.$$

Für die anderen Teilverhältnisse ergibt sich

$$t(AB, C') = \frac{x_0}{1 - x_0} \quad \text{und} \quad t(CA, B') = \frac{1 - y_0}{y_0}.$$

Das Produkt aller Teilverhältnisse ist damit -1.

3.4 Ebenen im Raum

Parameterform und parameterfreie Form

Eine Ebene E ist eindeutig durch einen festen Punkt $Q = (q_1|q_2|q_3)$ und zwei linear unabhängige Vektoren

$$\vec{a} = \begin{pmatrix} a_1 \\ a_2 \\ a_3 \end{pmatrix}, \quad \vec{b} = \begin{pmatrix} b_1 \\ b_2 \\ b_3 \end{pmatrix}$$

festgelegt. Gemäß Abb. 57 gilt:

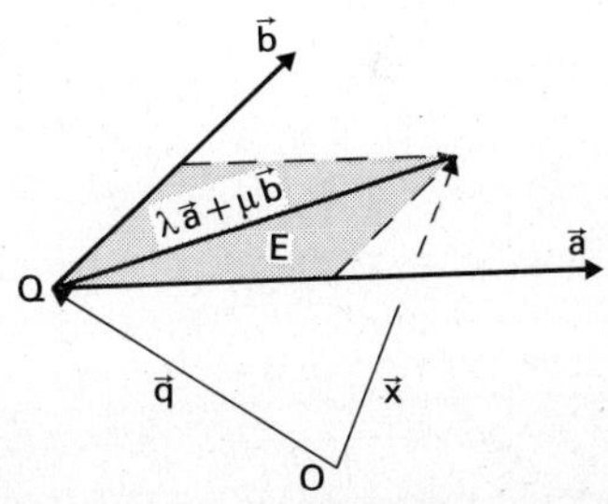

57

$$E = \{X | \overrightarrow{OX} = \overrightarrow{OQ} + \lambda\vec{a} + \mu\vec{b},\ \lambda, \mu \in \mathbb{R}\}$$

$$= \left\{ (x_1|x_2|x_3) \;\middle|\; \begin{pmatrix} x_1 \\ x_2 \\ x_3 \end{pmatrix} = \begin{pmatrix} q_1 \\ q_2 \\ q_3 \end{pmatrix} + \lambda \begin{pmatrix} a_1 \\ a_2 \\ a_3 \end{pmatrix} + \mu \begin{pmatrix} b_1 \\ b_2 \\ b_3 \end{pmatrix} \right\}.$$

Meist verzichtet man auf die Mengenschreibweise und gibt zur Beschreibung nur die *Ebenengleichung* an:

(1) $\quad E: \vec{x} = \vec{q} + \lambda\vec{a} + \mu\vec{b}$.

Man nennt $\vec{q}$ den *Stützvektor,* $\vec{a}$ und $\vec{b}$ heißen *Spannvektoren* zu E. Wenn wir (1) ausschreiben, erhalten wir ein lineares Gleichungssystem aus drei Gleichungen mit fünf Variablen (x_1, x_2, x_3, λ, μ):

$$x_1 = q_1 + \lambda a_1 + \mu b_1$$
$$x_2 = q_2 + \lambda a_2 + \mu b_2$$
$$x_3 = q_3 + \lambda a_3 + \mu b_3.$$

Wegen der linearen Unabhängigkeit von $\vec{a}$ und $\vec{b}$ können wir λ und μ durch zwei der Komponenten von $\vec{x}$ ausdrücken (Abb. 58). Wir erhalten eine lineare Gleichung mit drei Unbekannten von der Form

(2) $\quad A x_1 + B x_2 + C x_3 = D.$

Wegen der Parameter λ und μ heißt (1) die *Parameterform* der Ebenengleichung, (2) heißt *parameterfreie Form* der Ebenengleichung.
Ein Beispiel zur Herleitung der parameterfreien Ebenengleichung aus der Parameterform entnimmt man Abb. 58 und Abb. 59. Wie man umgekehrt aus der parameterfreien Form eine Parameterform erhält, ergibt sich aus 2.2 und 2.3.

Beispiel: Gegeben sei die inhomogene lineare Gleichung $4x_1 - 3x_2 + x_3 = 6$ (vgl. Abb. 58). Eine spezielle Lösung ist $\vec{x}_0 = \begin{pmatrix} 0 \\ 1 \\ 9 \end{pmatrix}$, zwei linear unabhängige Lösungen der zugehörigen homogenen Gleichung sind beispielsweise $\vec{c} = \begin{pmatrix} 0 \\ 1 \\ 3 \end{pmatrix}$ und $\vec{d} = \begin{pmatrix} 1 \\ 0 \\ -4 \end{pmatrix}$.
Die Lösungsmenge der inhomogenen Gleichung ist damit $\vec{x}_0 \oplus \langle \vec{a}, \vec{b} \rangle$. Die Lösungsvektoren haben die Form $\vec{x} = \vec{x}_0 + \lambda \vec{a} + \mu \vec{b}$. Wie man leicht nachrechnet, ist diese Parameterdarstellung zu der von Abb. 58 äquivalent.

Gegenseitige Lage zweier Ebenen
Die Lage der Ebenen E_1 und E_2 mit den Parameterdarstellungen

$$E_1\colon \vec{x} = \vec{q}_1 + \lambda_1 \vec{a}_1 + \mu_1 \vec{b}_1$$

$$E_2\colon \vec{x} = \vec{q}_2 + \lambda_2 \vec{a}_2 + \mu_2 \vec{b}_2$$

läßt sich wie folgt bestimmen (vgl. Abb. 60):

(1) Wenn von den Spannvektoren $\vec{a}_1, \vec{b}_1, \vec{a}_2, \vec{b}_2$ drei linear unabhängig sind, dann verlaufen die Ebenen nicht parallel zueinander. *Ihre Schnittmenge ist eine Gerade.*
(2) Andernfalls sind E_1 und E_2 parallel, dann können zwei Fälle vorliegen:

E habe die Parameterdarstellung:

$$\vec{x} = \begin{pmatrix} 1 \\ 0 \\ 2 \end{pmatrix} + \lambda \begin{pmatrix} 1 \\ 1 \\ -1 \end{pmatrix} + \mu \begin{pmatrix} 0 \\ 1 \\ 3 \end{pmatrix}$$

oder ausgeschrieben

$x_1 = 1 + \lambda$
$x_2 = \quad \lambda + \mu$
$x_3 = 2 - \lambda + 3\mu.$

Aus den ersten beiden Gleichungen ergibt sich:

$\lambda = x_1 - 1$
$\mu = x_2 - x_1 + 1.$

Einsetzen in die dritte Gleichung liefert die parameterfreie Darstellung der Ebene:

$4x_1 - 3x_2 + x_3 = 6.$

58

Herleitung der parameterfreien Ebenengleichung unter Benutzung der **Determinante:** Ein Punkt X liegt in der durch Q, $\vec{a}$ und $\vec{b}$ bestimmten Ebene genau dann, wenn $\overrightarrow{QX}$, $\vec{a}$, $\vec{b}$ linear abhängig sind, wenn also gilt

$$\begin{vmatrix} x_1 - q_1 & a_1 & b_1 \\ x_2 - q_2 & a_2 & b_2 \\ x_3 - q_3 & a_3 & b_3 \end{vmatrix} = 0.$$

Durch Auflösen der Determinante entsteht eine lineare Gleichung mit drei Variablen.
So ergibt sich für die Ebene aus Abb. 58:

$$\begin{vmatrix} x_1 - 1 & 1 & 0 \\ x_2 - 0 & 1 & 1 \\ x_3 - 2 & -1 & 3 \end{vmatrix} = 0.$$

Auflösen der Determinante liefert die Gleichung

$4x_1 - 3x_2 + x_3 = 6.$

59

(a) Falls $\vec{q}_2-\vec{q}_1$, $\vec{a}_1$, $\vec{a}_2$ linear unabhängig sind, dann liegt der Stützpunkt der Ebene E_2 nicht in E_1, die Ebenen sind *parallel, aber nicht identisch.*

(b) Falls $\vec{q}_2-\vec{q}_1$, $\vec{a}_1$, $\vec{a}_2$ linear abhängig sind, dann sind die Ebenen *identisch.*

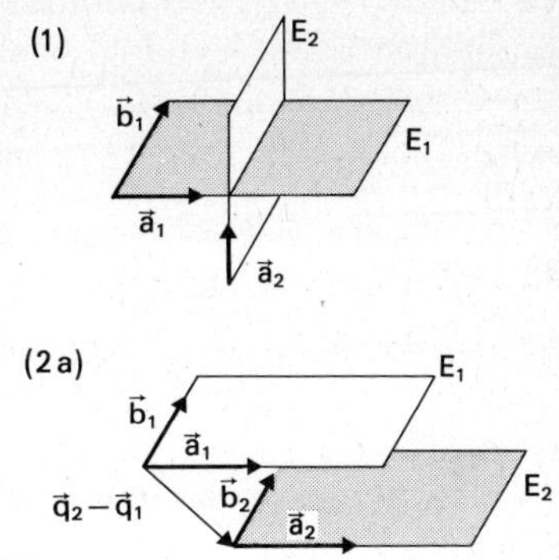

60

Gegenseitige Lage einer Ebene und einer Geraden

Eine Gerade g und eine Ebene E seien in Parameterform gegeben:

$$g: \vec{x}=\vec{q}_1+\lambda_1\vec{a}_1$$

$$E: \vec{x}=\vec{q}_2+\lambda_2\vec{a}_2+\mu_2\vec{b}_2$$

Ihre Lage läßt sich wie folgt bestimmen (vgl. Abb. 61):

(1) Wenn die Vektoren $\vec{a}_1$, $\vec{a}_2$, $\vec{b}_2$ linear unabhängig sind, dann verläuft die Gerade nicht parallel zur Ebene. Die Schnittmenge ist ein Punkt.

(2) Andernfalls verläuft die Gerade parallel zur Ebene. Es können zwei Fälle vorliegen:

(a) Falls die Vektoren $\vec{q}_2-\vec{q}_1$, $\vec{a}_2$, $\vec{b}_2$ linear unabhängig sind, dann liegt die Gerade nicht in der Ebene.

(b) Falls die Vektoren $\vec{q}_2-\vec{q}_1$, $\vec{a}_2$, $\vec{b}_2$ linear abhängig sind, dann liegt die Gerade in der Ebene.

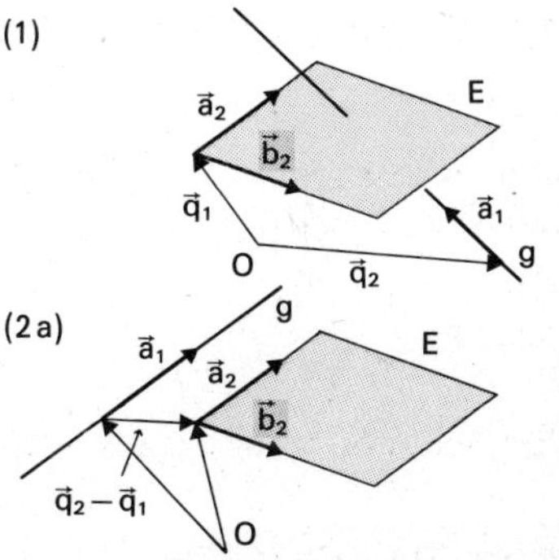

61

3.5 Geometrische Deutung linearer Gleichungssysteme mit drei Variablen

(In allen Gleichungen soll wenigstens ein Koeffizient von Null verschieden sein. Der **Rang** der Koeffizientenmatrix A ist dann ebenfalls von Null verschieden.)

(1) Wie gezeigt, läßt sich die Lösungsmenge *einer* linearen Gleichung mit drei Variablen als Ebene deuten. Die Lösungsmenge der zugehörigen homogenen Gleichung ist die dazu parallele Ursprungsebene. Die Matrix des „Gleichungssystems" besteht nur aus einer Zeile, ihr Rang ist 1, die Dimension des homogenen Lösungsraumes V_h ist 2.

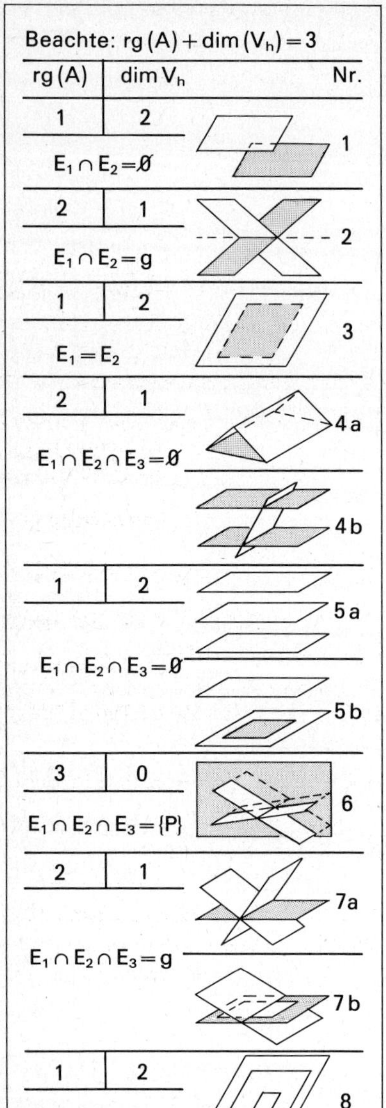

62

(2) Die Lösungsmenge von *zwei* Gleichungen mit drei Variablen läßt sich als Schnittmenge zweier Ebenen deuten, die des zugehörigen homogenen Systems als Schnitt der dazu parallelen Ursprungsebenen.

- Ist das System unlösbar, dann verlaufen die Ebenen parallel, der Lösungsraum des homogenen Systems ist zweidimensional (Abb. 62.1).
- Ist das System lösbar, und ist der homogene Lösungsraum eindimensional, dann besteht die Schnittmenge der Ebenen aus einer Geraden (Abb. 62.2).
- Wenn das System lösbar und der homogene Lösungsraum zweidimensional ist, dann sind die Ebenen miteinander identisch (Abb. 62.3).

(3) Die Lösungsmenge von *drei* Gleichungen mit drei Variablen läßt sich als Schnittmenge von drei Ebenen im Raum deuten, die des homogenen Systems als Schnittmenge der zugehörigen Ursprungsebenen.

- Wenn das System unlösbar ist, dann ist der zugehörige homogene Lösungsraum ein- oder zweidimensional. Ist er eindimensional, dann liegen die Ebenen wie in Abb. 62.4. Ist er zweidimensional, dann liegen die Ebenen parallel, sind aber nicht alle miteinander identisch (Abb. 62.5).
- Wenn das System eindeutig lösbar ist, dann schneiden sich die Ebenen in einem Punkt, der homogene Lösungsraum besteht nur aus dem Nullvektor (Abb. 62.6).
- Wenn das System lösbar ist, aber nicht eindeutig, und
  - der homogene Lösungsraum eindimensional ist, dann liegen die Ebenen wie in Abb. 62.7.
  - der homogene Lösungsraum zweidimensional ist, dann sind die Ebenen miteinander identisch (Abb. 62.8).

4 Das Skalarprodukt

4.1 Das Skalarprodukt in $\mathbb{R}^3$

Orthogonalität:
Unter der *Norm* $\|\vec{a}\|$ eines Vektors $\vec{a} \in \mathbb{R}^3$ versteht man die Länge eines ihn repräsentierenden Pfeils (vgl. Abb. 63):

$$\|\vec{a}\| = \sqrt{a_1^2 + a_2^2 + a_3^2}.$$

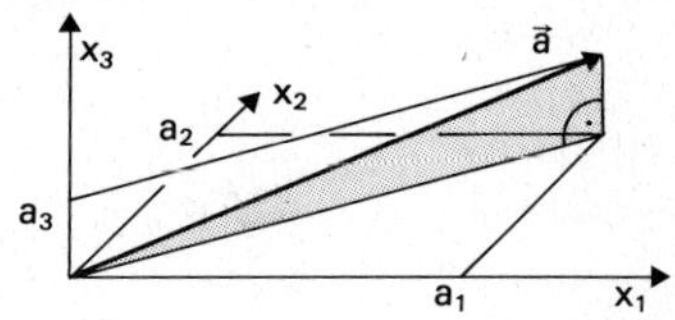

63

Dem Satz von Pythagoras entnimmt man (Abb. 64):

$$\begin{aligned}\vec{a} \perp \vec{b} &\Leftrightarrow \|\vec{a}\|^2 + \|\vec{b}\|^2 = \|\vec{b} - \vec{a}\|^2 \\ &\Leftrightarrow a_1^2 + a_2^2 + a_3^2 + b_1^2 + b_2^2 + b_3^2 = \\ &\qquad b_1^2 - 2a_1b_1 + a_1^2 + \ldots + b_3^2 - 2a_3b_3 + b_3^2 \\ &\Leftrightarrow a_1b_1 + a_2b_2 + a_3b_3 = 0.\end{aligned}$$

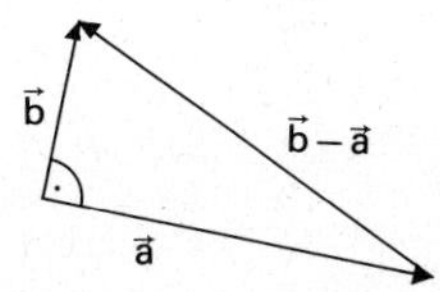

64

Der Term

$$\vec{a} \cdot \vec{b} := a_1b_1 + a_2b_2 + a_3b_3$$

heißt *Skalarprodukt,* weil er je zwei Vektoren $\vec{a}$, $\vec{b}$ eine reelle Zahl (als „Produkt") zuordnet. Es gilt:

$$\vec{a} \perp \vec{b} \Leftrightarrow \vec{a} \cdot \vec{b} = 0$$

und

$$\|\vec{a}\|^2 = \vec{a} \cdot \vec{a}.$$

Winkel:
Möchte man den Winkel α bestimmen, den zwei Vektoren $\vec{a} \neq \vec{o}$ und $\vec{b} \neq \vec{o}$ aus $\mathbb{R}^2$ oder aus $\mathbb{R}^3$ einschließen, betrachtet man das rechtwinklige Dreieck in Abb. 65, dessen Hypotenuse durch einen Repräsentanten von $\vec{b}$ gegeben wird. Es gilt

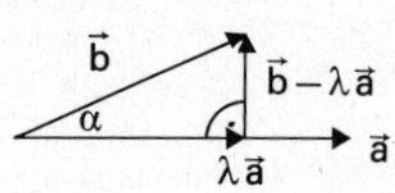

65

$$(\vec{b} - \lambda\vec{a}) \perp \vec{a} \Leftrightarrow (\vec{b} - \lambda\vec{a}) \cdot \vec{a} = 0 \Leftrightarrow \vec{b} \cdot \vec{a} - \lambda\vec{a} \cdot \vec{a} = 0$$

$$\Leftrightarrow \lambda = \frac{\vec{b} \cdot \vec{a}}{\|\vec{a}\|^2};$$

hiermit folgt

$$\cos\alpha = \frac{\text{Ankathete}}{\text{Hypotenuse}} = \frac{\lambda \|\vec{a}\|}{\|\vec{b}\|} = \frac{\vec{b}\cdot\vec{a}}{\|\vec{b}\|\,\|\vec{a}\|}.$$

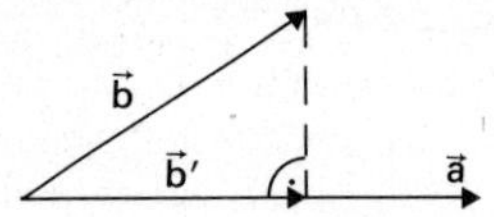

66

Projektionen (vgl. Abb. 66):
Aus der obigen Herleitung ergibt sich, daß die Projektion $\vec{b}'$ eines Vektors $\vec{b}$ auf einen Vektor $\vec{a} \neq \vec{o}$ gegeben ist durch

$$\vec{b}' = \lambda\vec{a} = \frac{\vec{b}\cdot\vec{a}}{\|\vec{a}\|^2}\,\vec{a}.$$

Wie man leicht nachrechnet, gehorcht das Skalarprodukt folgenden Gesetzen:

(1) $(\vec{a}+\vec{b})\cdot\vec{c} = \vec{a}\cdot\vec{c}+\vec{b}\cdot\vec{c}$ (3) $\vec{a}\cdot\vec{b} = \vec{b}\cdot\vec{a}$

(2) $(\lambda\vec{a})\cdot\vec{b} = \lambda(\vec{a}\cdot\vec{b})$ (4) $\vec{a} \neq \vec{o} \Leftrightarrow \vec{a}\cdot\vec{a} > 0$

4.2 Euklidische Vektorräume

Die in 4.1 skizzierte Bedeutung des Skalarproduktes und die Beziehung zur Norm von Vektoren rechtfertigt eine Übertragung nicht nur auf den Vektorraum $\mathbb{R}^n$, sondern auch auf andere Vektorräume. Es erweist sich, daß die Regeln (1) bis (4) von 4.1 zur axiomatischen Einführung eines Skalarproduktes ausreichen (vgl. Abb. 67–69).

Beispiel:
Sind $p_1, p_2, \ldots, p_n$ positive reelle Zahlen, so wird in $\mathbb{R}^n$ durch die Festsetzung

$\vec{a}\cdot\vec{b} := p_1 a_1 b_1 + \ldots + p_n a_n b_n$

ein Skalarprodukt definiert. Dabei gilt

$\|\vec{a}\| = p_1 a_1^2 + \ldots + p_n a_n^2.$

Für $n=3$ und $p_1 = p_2 = p_3 = 1$ ergibt sich das Skalarprodukt aus 4.1.

67

Ein Vektorraum V heißt *euklidischer Vektorraum,* wenn eine Abbildung

$$V \times V \to \mathbb{R};\quad (\vec{a}, \vec{b}) \mapsto \vec{a}\cdot\vec{b}$$

definiert ist, die folgende Eigenschaften besitzt: Für alle $\vec{a}, \vec{b}, \vec{c} \in V$ und $\lambda \in \mathbb{R}$ gilt

(1) $(\vec{a}+\vec{b})\cdot\vec{c} = \vec{a}\cdot\vec{c}+\vec{b}\cdot\vec{c}$ (Linearität)
(2) $(\lambda\vec{a})\cdot\vec{b} = \lambda(\vec{a}\cdot\vec{b})$

(3) $\vec{a}\cdot\vec{b} = \vec{b}\cdot\vec{a}$ (Kommutativität)

(4) $\vec{a}\cdot\vec{a} > 0$ für $\vec{a} \neq \vec{o}$ (Positive Definitheit)

Die Abbildung heißt dann *Skalarprodukt.* Aus (1)–(3) folgt die Distributivität:

(5) $(\lambda\vec{a}+\mu\vec{b})\cdot(\nu\vec{c}+\omega\vec{d})$
$=\lambda\nu\vec{a}\cdot\vec{c}+\lambda\omega\vec{a}\cdot\vec{d}+\mu\nu\vec{b}\cdot\vec{c}+\mu\omega\vec{b}\cdot\vec{d}$.

Definiert man durch

(*) $\|\vec{a}\|:=\sqrt{\vec{a}\cdot\vec{a}}$

eine Abbildung $V\rightarrow\mathbb{R}_0^+$, dann gilt

(6) $|\vec{a}\cdot\vec{b}|\leq\|\vec{a}\|\,\|\vec{b}\|$
(Cauchy-Schwarzsche Ungleichung)

(7) $\|\lambda\cdot\vec{a}\|=|\lambda|\,\|\vec{a}\|$

(8) $\|\vec{a}+\vec{b}\|\leq\|\vec{a}\|+\|\vec{b}\|$
(Dreiecksungleichung, Abb. 70**)**

(9) $\|\vec{a}\|=0\Leftrightarrow\vec{a}=\vec{o}$.

Jede Abbildung $\|\ \|: V\rightarrow\mathbb{R}_0^+$, die (7)–(9) erfüllt, heißt eine *Norm* auf V. Den Vektorraum V nennt man dann *normierten Vektorraum.* Durch (*) wird also jeder euklidische Vektorraum zu einem normierten Vektorraum.

Beispiel:
Durch

$\|\vec{a}\|:=|a_1|+\ldots+|a_n|$

wird in $\mathbb{R}^n$ eine Norm definiert. Es gibt jedoch kein Skalarprodukt in $\mathbb{R}^n$, zu dem diese Norm gehört.

68

Beispiel:
Im Vektorraum $C^0[a;b]$ der stetigen Funktionen wird durch

$f\cdot g:=\int_b^a f(x)\,g(x)\,dx$

ein Skalarprodukt definiert.

69

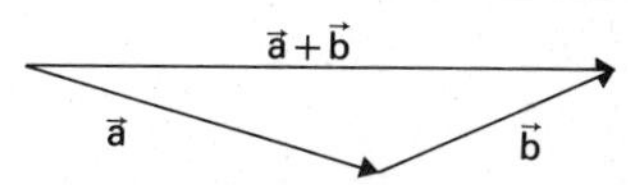

70

Es gibt aber normierte Vektorräume, deren Norm nicht durch ein Skalarprodukt gemäß (*) definiert werden kann (vgl. Abb. 68 und 73 sowie **Funktionenräume**).
Die Beweise zu (6) und (8) finden sich im Glossar, (7) und (9) folgen unmittelbar aus (5) und (4).
In beliebigen euklidischen Vektorräumen haben die Begriffe Orthogonalität und Winkel zwischen Vektoren keine unmittelbare anschauliche Deutung mehr. Sie werden mit Hilfe des Skalarproduktes *definiert.*

Definition:

$\vec{a}\perp\vec{b}:\Leftrightarrow\vec{a}\cdot\vec{b}=0$

$\cos\sphericalangle(\vec{a},\vec{b}):=\dfrac{\vec{a}\cdot\vec{b}}{\|\vec{a}\|\,\|\vec{b}\|}$, falls $\vec{a},\vec{b}\neq\vec{o}$

Wie in 4.1 gezeigt, stimmen in $\mathbb{R}^3$ diese Definitionen mit unserer Anschauung überein. Sie erlauben es, den Satz des Pythagoras auf beliebige euklidische Vektorräume zu verallgemeinern.

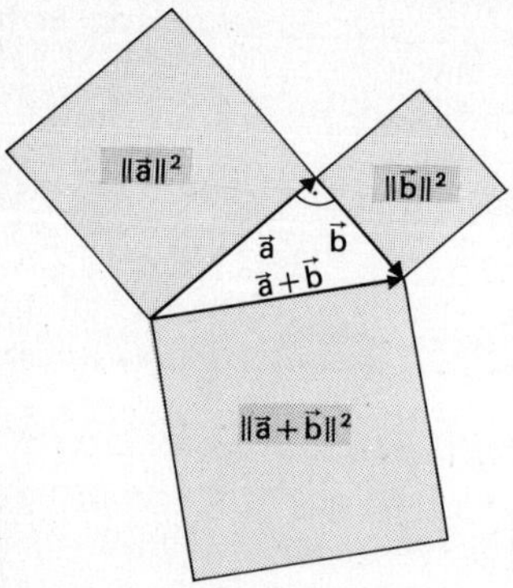

71

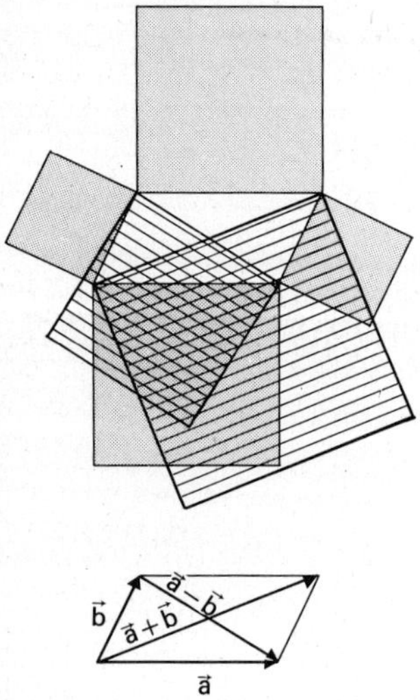

72

In nicht-euklidischen normierten Vektorräumen (in denen die Norm nicht durch ein Skalarprodukt gemäß $\|\vec{a}\| := \sqrt{\vec{a}\cdot\vec{a}}$ definiert ist) gilt die Parallelogrammidentität nicht. Beispielsweise hat man für die in Abb. 68 auf $\mathbb{R}^2$ definierte Norm:

$$\left\|\begin{pmatrix}1\\2\end{pmatrix}+\begin{pmatrix}1\\-1\end{pmatrix}\right\|^2+\left\|\begin{pmatrix}1\\2\end{pmatrix}-\begin{pmatrix}1\\-1\end{pmatrix}\right\|^2$$

$$=(2+1)^2+(0+3)^2=18,$$

aber

$$\left\|\begin{pmatrix}1\\2\end{pmatrix}\right\|^2+\left\|\begin{pmatrix}1\\-1\end{pmatrix}\right\|^2=13.$$

73

Satz des Pythagoras (Abb. 71):

$$\vec{a}\perp\vec{b} \Leftrightarrow \|\vec{a}\|^2+\|\vec{b}\|^2=\|\vec{a}+\vec{b}\|^2.$$

Beweis:
Für Vektoren $\vec{a}$, $\vec{b}$ eines euklidischen Vektorraumes gilt

$$\begin{aligned}\|\vec{a}+\vec{b}\|^2&=(\vec{a}+\vec{b})\cdot(\vec{a}+\vec{b})\\&=\vec{a}\cdot\vec{a}+\vec{a}\cdot\vec{b}+\vec{b}\cdot\vec{a}+\vec{b}\cdot\vec{b}\\&=\|\vec{a}\|^2+2\vec{a}\cdot\vec{b}+\|\vec{b}\|^2.\end{aligned}$$

Also gilt genau dann $\|\vec{a}+\vec{b}\|^2=\|\vec{a}\|^2+\|\vec{b}\|^2$, wenn $\vec{a}\cdot\vec{b}=0$ gilt, wenn also $\vec{a}$ und $\vec{b}$ orthogonal zueinander sind.
Die in Abb. 72 veranschaulichte *Parallelogrammidentität* läßt sich in beliebigen *euklidischen* Vektorräumen beweisen (vgl. Abb. 73).

Parallelogrammidentität:

$$\|\vec{a}+\vec{b}\|^2+\|\vec{a}-\vec{b}\|^2=2(\|\vec{a}\|^2+\|\vec{b}\|^2).$$

Beweis: Es gilt

$$\begin{aligned}&\|\vec{a}+\vec{b}\|^2+\|\vec{a}-\vec{b}\|^2\\&=(\vec{a}+\vec{b})\cdot(\vec{a}+\vec{b})+(\vec{a}-\vec{b})\cdot(\vec{a}-\vec{b})\\&=\vec{a}\cdot\vec{a}+2\vec{a}\cdot\vec{b}+\vec{b}\cdot\vec{b}+\vec{a}\cdot\vec{a}-2\vec{a}\cdot\vec{b}+\vec{b}\cdot\vec{b}\\&=2(\|\vec{a}\|^2+\|\vec{b}\|^2).\end{aligned}$$

Beispiel 1: In einem euklidischen Vektorraum gilt

$$\begin{aligned}\vec{a}\perp\vec{b}&\Leftrightarrow\|\vec{a}+\vec{b}\|^2=\|\vec{a}\|^2+\|\vec{b}\|^2\\&\Leftrightarrow\|\vec{a}+\vec{b}\|^2=\|\vec{a}-\vec{b}\|^2.\end{aligned}$$

Beweis mittels Parallelogrammidentität.

Beispiel 2: Die Menge aller Nullfolgen $\vec{a} := (a_n)$ reeller Zahlen, für welche $\sum_{i=0}^{\infty} a_i^2$ konvergiert, bildet einen Vektorraum; dieser wird mit l_2 bezeichnet. In l_2 wird durch

$$\vec{a}\cdot\vec{b} := \sum_{n=0}^{\infty} a_n b_n$$

ein Skalarprodukt definiert. So hat man etwa für

$$\vec{a} := \left(\frac{1}{2^n}\right), \quad \vec{b} := \left(\frac{1}{3^n}\right)$$

$$\|\vec{a}\|^2 = \sum_{n=0}^{\infty} \left(\frac{1}{2}\right)^{2n} = \sum_{n=0}^{\infty} \left(\frac{1}{4}\right)^n = \frac{4}{3},$$

analog $\|\vec{b}\| = \frac{9}{8}$ und

$$\vec{a} \cdot \vec{b} = \sum_{n=0}^{\infty} \left(\frac{1}{2}\right)^n \left(\frac{1}{3}\right)^n = \sum_{n=0}^{\infty} \left(\frac{1}{6}\right)^n = \frac{6}{5}.$$

Es gilt hier (vgl. (6)):

$$1{,}2 = \frac{6}{5} = |\vec{a} \cdot \vec{b}| \leq \|\vec{a}\| \cdot \|\vec{b}\| = \sqrt{\frac{4}{3}}\sqrt{\frac{9}{8}} = \sqrt{\frac{3}{2}} \approx 1{,}22.$$

Ist $\{\vec{c}_1, \vec{c}_2, \ldots, \vec{c}_n\}$ die Basis eines n-dimensionalen Vektorraumes und gilt

$$\vec{a} = \sum_{i=1}^{n} \alpha_i \vec{c}_i, \quad \vec{b} = \sum_{i=1}^{n} \beta_i \vec{c}_i,$$

dann folgt aus (5):

$$\vec{a} \cdot \vec{b} = \sum_{i,j=1}^{n} \alpha_i \beta_j (\vec{c}_i \cdot \vec{c}_j).$$

Das Skalarprodukt beliebiger Vektoren ist also durch die Skalarprodukte zwischen den Basisvektoren eindeutig festgelegt. Sind die Basisvektoren $\vec{c}_1, \vec{c}_2, \ldots, \vec{c}_n$ zueinander orthogonal und haben sie die Norm 1 (man spricht von einer *Orthonormalbasis),* dann vereinfacht sich obige Formel zu

$$\vec{a} \cdot \vec{b} = \sum_{i=1}^{n} \alpha_i \beta_i.$$

Stellt man also die Vektoren eines beliebigen n-dimensionalen euklidischen Vektorraumes als Linearkombination einer Orthonormalbasis dar, dann berechnen sich die Skalarprodukte aus den Koeffizienten völlig analog zu dem in 4.1 auf $\mathbb{R}^n$ eingeführten Skalarprodukt. Darüber hinaus beachte man, daß sich im Falle einer Orthonormalbasis die Koeffizienten α_i besonders einfach berechnen lassen. Es gilt für alle $\vec{a} \in V$

$$\alpha_i = \vec{a} \cdot \vec{c}_i \quad \text{und} \quad \vec{a} = \sum_{i=1}^{n} (\vec{a} \cdot \vec{c}_i)\vec{c}_i$$

(vgl. **Orthonormalisierungsverfahren**).

4.3 Die Hessesche Normalform

Die Benutzung des Skalarproduktes (in $\mathbb{R}^3$) erlaubt eine neue Deutung von linearen Gleichungen mit drei Variablen und ihren Lösungsmannigfaltigkeiten, die nach 3.4 als Ebenen im Raum veranschaulicht werden können:

Wenn $\vec{q} = \begin{pmatrix} q_1 \\ q_2 \\ q_3 \end{pmatrix}$ eine spezielle Lösung der (inhomogenen) linearen Gleichung $n_1 x_1 + n_2 x_2 + n_3 x_3 = c$ ist, dann löst $\vec{x} = \begin{pmatrix} x_1 \\ x_2 \\ x_3 \end{pmatrix}$ die Gleichung genau dann, wenn $\vec{x} - \vec{q}$ die zugehörige homogene Gleichung löst:

$$n_1(x_1 - q_1) + n_2(x_2 - q_2) + n_3(x_3 - q_3) = 0,$$

also wenn gilt

$$(*) \qquad \vec{n} \cdot (\vec{x} - \vec{q}) = 0.$$

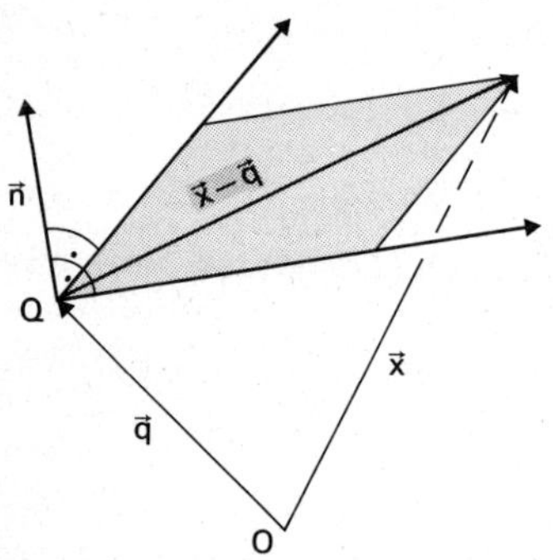

74

In Worten: Die Lösungsmannigfaltigkeit besteht aus allen Vektoren $\vec{x}$, für die der „Verbindungsvektor" $\vec{x} - \vec{q}$ zu einem „Stützpunkt" Q der Ebene zu $\vec{n}$ orthogonal ist (vgl. Abb. 74). Insbesondere halten wir fest:

> Die Ebene, die die Lösungsmenge einer linearen Gleichung beschreibt, ist orthogonal zu dem Vektor, der durch die Koeffizienten der Gleichung gegeben ist.

Man nennt (*) eine *Normalenform* der Ebenengleichung.

Beispiel 1: Die Gleichung $2x_1 + 3x_2 - 4x_3 = 6$ hat etwa $\vec{q} = \begin{pmatrix} 0 \\ 2 \\ 0 \end{pmatrix}$ als spezielle Lösung. Eine Normalenform ist damit gegeben durch

$$\left[\vec{x} - \begin{pmatrix} 0 \\ 2 \\ 0 \end{pmatrix}\right] \cdot \begin{pmatrix} 2 \\ 3 \\ -4 \end{pmatrix} = 0.$$

Die Ebene ist orthogonal zu $\begin{pmatrix} 2 \\ 3 \\ -4 \end{pmatrix}$.

Beispiel 2: Die Ebene E mit Parameterform

$$\vec{x} = \begin{pmatrix} 1 \\ 0 \\ 1 \end{pmatrix} + \lambda \begin{pmatrix} 1 \\ 3 \\ 0 \end{pmatrix} + \mu \begin{pmatrix} -1 \\ 0 \\ 1 \end{pmatrix}$$

hat die parameterfreie Form

$$3x_1 - 1x_2 + 3x_3 = 6.$$

Ein Normalenvektor ist damit $\vec{n} = \begin{pmatrix} 3 \\ -1 \\ 3 \end{pmatrix}$.

Tatsächlich sind die Spannvektoren von E orthogonal zu $\vec{n}$, wie man leicht nachrechnet.

Anwendung: Wenn $(\vec{x} - \vec{q}) \cdot \vec{n} = 0$ die Normalenform einer Ebenengleichung ist, und $\overrightarrow{OP} = \vec{p}$, $\overrightarrow{OR} = \vec{r}$ gilt, dann liegen P und R genau dann auf der gleichen Seite der Ebene, wenn $(\vec{p} - \vec{q}) \cdot \vec{n}$ und $(\vec{r} - \vec{q}) \cdot \vec{n}$ gleiche Vorzeichen haben. Wenn beide Produkte verschwinden, dann liegen P und R in der Ebene (vgl. Abb. 75).

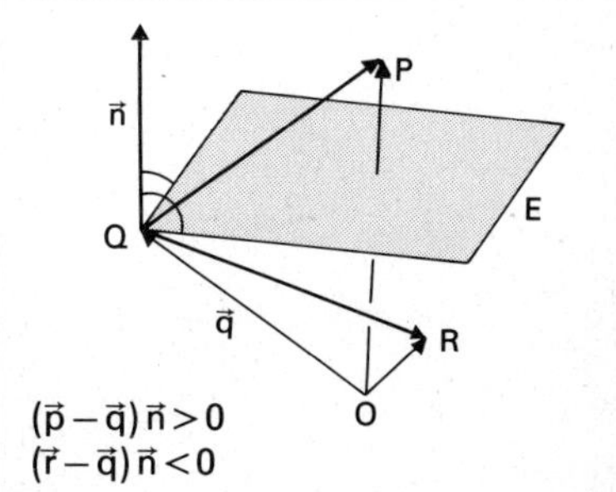

75

Da mit einem Vektor $\vec{n}$ auch alle seine Vielfachen zu einer Ebene orthogonal sind, ist die Normalenform der Ebenengleichung nicht eindeutig. Normiert man den Normalenvektor $\vec{n}$ zur Länge 1 und orientiert man ihn so, daß er vom Ursprung zur Ebene zeigt, dann spricht man von der *Hesseschen Normalform* (nach O. L. Hesse, 1811–1874). (Eine Ursprungsebene besitzt zwei gleichberechtigte Hessesche Normalformen.) Ist $\vec{q}$ ein Stützvektor der Ebene, so ist die letzte Bedingung äquivalent zu $\vec{q} \cdot \vec{n} \geq 0$.

Die Normalenform

$$(\vec{x} - \vec{q}) \cdot \vec{n} = 0$$

heißt *Hessesche Normalform* (einer Ebene) genau dann wenn gilt

$$\|\vec{n}\| = 1 \quad \text{und} \quad \vec{q} \cdot \vec{n} \geq 0.$$

Beispiel 3: Die Ebene $E: 2x_1+3x_2-4x_3=6$ aus Beispiel 1 hat den Normalenvektor $\vec{n}$ und den Stützvektor $\vec{q}$ mit

$$\vec{n}=\begin{pmatrix}2\\3\\-4\end{pmatrix} \quad \text{und} \quad \vec{q}=\begin{pmatrix}0\\2\\0\end{pmatrix}.$$

Wegen $\|\vec{n}\|=\sqrt{29}$ ist $\vec{n}':=\frac{1}{\sqrt{29}}\vec{n}$ einer der beiden Einheitsnormalenvektoren. Wie man nachrechnet, ist $\vec{n}'\cdot\vec{q}=\frac{6}{\sqrt{29}}>0$. Also zeigt mit $\vec{q}$ auch $\vec{n}'$ vom Ursprung in Richtung der Ebene und $\vec{n}'$ ist der gesuchte Einheitsnormalenvektor der Hesseschen Normalform. (Andernfalls hätte man $-\vec{n}'$ nehmen müssen.) Damit hat E die Hessesche Normalform

$$(\vec{x}-\vec{q})\cdot\vec{n}'=0 \quad \text{bzw.} \quad \vec{x}\cdot\vec{n}'=\vec{q}\cdot\vec{n}'$$

oder ausgeschrieben:

$$\frac{2}{\sqrt{29}}x_1+\frac{3}{\sqrt{29}}x_2-\frac{4}{\sqrt{29}}x_3=\frac{6}{\sqrt{29}}.$$

Die Ebene aus Beispiel 2 hat die Hessesche Normalform

$$\frac{3}{\sqrt{19}}x_1+\frac{1}{\sqrt{19}}x_2+\frac{3}{\sqrt{19}}x_3=\frac{6}{\sqrt{19}}.$$

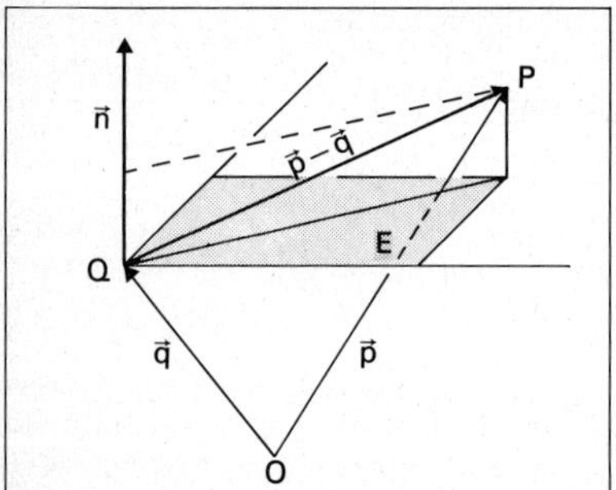

76

Die Bedeutung der Hesseschen Normalform besteht darin, daß sie es gestattet, den Abstand eines Punktes P von einer Ebene sofort anzugeben. Wenn E durch die Hessesche Normalform $(\vec{x}-\vec{q})\cdot\vec{n}=0$ gegeben ist und P den Ortsvektor $\vec{p}$ besitzt, dann ist der Abstand von P zu E die Norm der Projektion von $\vec{p}-\vec{q}$ auf $\vec{n}$. Nach 4.1 gilt somit wegen $\|\vec{n}\|=1$ (vgl. Abb. 76):

$$d(P,E)=\|[(\vec{p}-\vec{q})\cdot\vec{n}]\,\vec{n}\|=|(\vec{p}-\vec{q})\cdot\vec{n}|.$$

4.4 Das Vektorprodukt in $\mathbb{R}^3$

Gegeben seien zwei linear unabhängige Vektoren in $\mathbb{R}^3$:

$$\vec{a} = \begin{pmatrix} a_1 \\ a_2 \\ a_3 \end{pmatrix} \quad \text{und} \quad \vec{b} = \begin{pmatrix} b_1 \\ b_2 \\ b_3 \end{pmatrix}.$$

Gesucht wird ein Vektor $\vec{x}$, der zu $\vec{a}$ und $\vec{b}$ orthogonal ist. Dieser Vektor $\vec{x}$ muß dann folgende Bedingung erfüllen:

$$(*) \quad \begin{aligned} a_1 x_1 + a_2 x_2 + a_3 x_3 &= 0 \\ b_1 x_1 + b_2 x_2 + b_3 x_3 &= 0. \end{aligned}$$

Der Rang dieses linearen Gleichungssystems ist nach Voraussetzung 2, die Lösungsmenge ist damit ein eindimensionaler Untervektorraum von $\mathbb{R}^3$. Eine der Komponenten eines Lösungsvektors $\vec{x}$ (etwa $x_3 = t$) sei von 0 verschieden. (*) stellt dann ein lineares Gleichungssystem mit zwei Variablen für die anderen Komponenten dar. Es ergibt sich

$$x_1 = \frac{a_2 b_3 - a_3 b_2}{a_1 b_2 - a_2 b_1} t, \quad x_2 = -\frac{a_1 b_3 - a_3 b_1}{a_1 b_2 - a_2 b_1} t.$$

Für den Wert $t = a_1 b_2 - a_2 b_1$ erhält man die spezielle Lösung

$$\begin{aligned} x_1 &= a_2 b_3 - a_3 b_2 \\ x_2 &= -a_1 b_3 + a_3 b_1 \\ x_3 &= a_1 b_2 - a_2 b_1. \end{aligned}$$

Diese Lösung heißt das *Vektorprodukt* von $\vec{a}$ und $\vec{b}$. Man schreibt

$$\vec{x} = \vec{a} \times \vec{b}.$$

Zur Berechnung des Vektorproduktes bedient man sich der Merkregeln aus Abb. 77.

Während das Skalarprodukt zwei Vektoren eine Zahl zuordnet, ordnet das Vektorprodukt ihnen einen Vektor zu. Es gilt:

1. Merkregel

Das Vektorprodukt wird *formal* als Determinante geschrieben (Entwicklung nach Spalte 1):

$$\vec{x} = \begin{vmatrix} \vec{e}_1 & a_1 & b_1 \\ \vec{e}_2 & a_2 & b_2 \\ \vec{e}_3 & a_3 & b_3 \end{vmatrix}$$

2. Merkregel

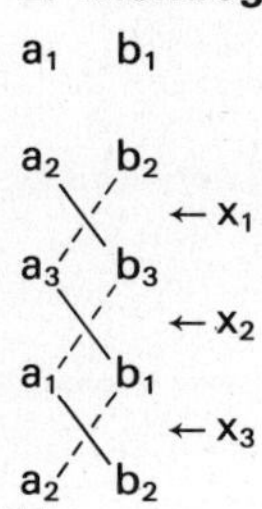

77

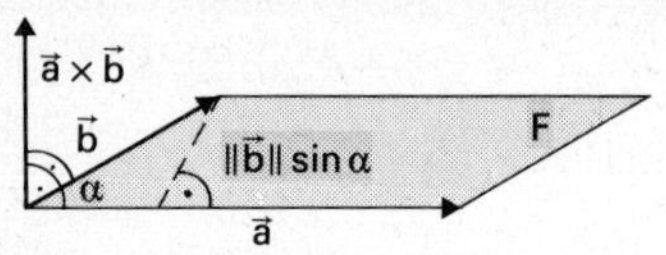

78

(1) $\vec{a}\times\vec{b}$ ist zu $\vec{a}$ und $\vec{b}$ orthogonal.

(2) $\|\vec{a}\times\vec{b}\| = \|\vec{a}\|\,\|\vec{b}\| \sin\sphericalangle(\vec{a},\vec{b})$.
Die Norm des Vektorproduktes gibt den Flächeninhalt des Parallelogramms an, das durch $\vec{a}$ und $\vec{b}$ aufgespannt wird (Abb. 78).

Beweis: (1) gilt nach Konstruktion des Vektorproduktes. (2) beweist man wie folgt:

$$\begin{aligned}\|\vec{a}\times\vec{b}\|^2 &= (a_2 b_3 - a_3 b_2)^2 + (a_1 b_3 - a_3 b_1)^2 \\ &\quad + (a_1 b_2 - a_2 b_1)^2 \\ &= a_2^2 b_3^2 + a_3^2 b_2^2 + a_1^2 b_3^2 + a_3^2 b_1^2 + a_1^2 b_2^2 + a_2^2 b_1^2 \\ &\quad - 2(a_2 a_3 b_2 b_3 + a_1 a_3 b_1 b_3 + a_1 a_2 b_1 b_2) \\ &= (a_1^2 + a_2^2 + a_3^2)(b_1^2 + b_2^2 + b_3^2) \\ &\quad - (a_1 b_1 + a_2 b_2 + a_3 b_3)^2 \\ &= \|\vec{a}\|^2 \|\vec{b}\|^2 - (\vec{a}\cdot\vec{b})^2 \\ &= \|\vec{a}\|^2 \|\vec{b}\|^2 (1 - \cos^2\sphericalangle(\vec{a},\vec{b})) \\ &= \|\vec{a}\|^2 \|\vec{b}\|^2 \sin^2\sphericalangle(\vec{a},\vec{b}).\end{aligned}$$

Drei Vektoren $\vec{a}$, $\vec{b}$, $\vec{c}$ des $\mathbb{R}^3$ spannen ein *Spat* auf (vgl. Abb. 79). Sein Volumen V ist gegeben durch

$$V = |(\vec{a}\times\vec{b})\cdot\vec{c}|.$$

$(\vec{a}\times\vec{b})\cdot\vec{c}$ heißt *Spatprodukt* der Vektoren $\vec{a}$, $\vec{b}$ und $\vec{c}$. Es gilt

$$(\vec{a}\times\vec{b})\cdot\vec{c} = (\vec{b}\times\vec{c})\cdot\vec{a} = (\vec{c}\times\vec{a})\cdot\vec{b}.$$

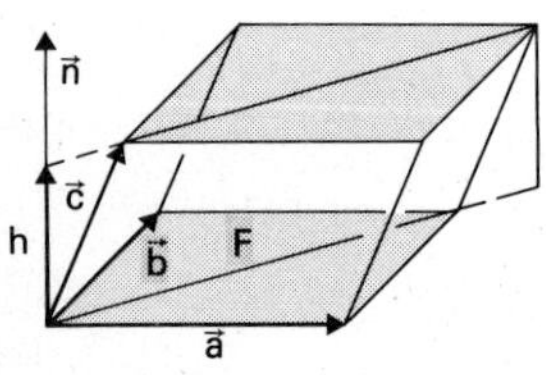

79

Beweis (vgl. Abb. 79): Es sei $F = \|\vec{a}\times\vec{b}\|$ die „Grundfläche" des von $\vec{a}$, $\vec{b}$ und $\vec{c}$ aufgespannten Spats. Der Einheitsvektor $\vec{n} := \frac{\vec{a}\times\vec{b}}{\|\vec{a}\times\vec{b}\|}$ ist zu $\vec{a}$ und $\vec{b}$ orthogonal. Damit ist

$$h := \left|\frac{\vec{a}\times\vec{b}}{\|\vec{a}\times\vec{b}\|}\cdot\vec{c}\right|$$

die „Höhe" des Spats, und sein Volumen ergibt sich zu

$$V = F\cdot h = \|\vec{a}\times\vec{b}\| \left|\frac{\vec{a}\times\vec{b}}{\|\vec{a}\times\vec{b}\|}\cdot\vec{c}\right| = |(\vec{a}\times\vec{b})\cdot\vec{c}|.$$

Die zyklische Vertauschbarkeit der Vektoren im Spatprodukt beweist man durch Nachrechnen.

Anmerkung: Das Spatprodukt dreier Vektoren aus $\mathbb{R}^3$ ist nichts anderes als die Determinante der Matrix, die aus diesen Vektoren gebildet wird (Abb. 80). Der *Betrag der Determinante* einer Matrix gibt also das *Volumen* des Spats an, der durch die Spaltenvektoren aufgespannt wird. Den Wert der *Determinante* (bzw. des Spatproduktes) bezeichnet man als das *orientierte Volumen* des Spats (vgl. Satz 3 aus 2.4 und **Orientierung**).

$$(\vec{a}\times\vec{b})\cdot\vec{c}=$$
$$\begin{pmatrix} a_2b_3-a_3b_2 \\ a_3b_1-a_1b_3 \\ a_1b_2-a_2b_1 \end{pmatrix}\cdot\begin{pmatrix} c_1 \\ c_2 \\ c_3 \end{pmatrix}=$$
$$\begin{vmatrix} a_2 & b_2 \\ a_3 & b_3 \end{vmatrix} c_1 - \begin{vmatrix} a_1 & b_1 \\ a_3 & b_3 \end{vmatrix} c_2 + \begin{vmatrix} a_1 & b_1 \\ a_2 & b_2 \end{vmatrix} c_3 =$$
$$\begin{vmatrix} a_1 & b_2 & c_1 \\ a_2 & b_2 & c_2 \\ a_3 & b_3 & c_3 \end{vmatrix}$$

80

4.5 Geometrische Deutung des Determinantenverfahrens zur Lösung linearer Gleichungssysteme mit drei Variablen

Gegeben sei ein lineares Gleichungssystem mit drei Gleichungen und drei Variablen:

$$(*)\quad \begin{aligned} a_1x_1+b_1x_2+c_1x_3&=d_1 \\ a_2x_1+b_2x_2+c_2x_3&=d_2 \\ a_3x_1+b_3x_2+c_3x_3&=d_3. \end{aligned}$$

(a) *Deutung der Lösungsmenge*
Nach 3.2 läßt sich die Lösungsmenge von (∗) als Schnittmenge von drei Ebenen deuten, deren Normalenvektoren nach 4.3 gegeben sind durch

$$\vec{n}_1=\begin{pmatrix} a_1 \\ b_1 \\ c_1 \end{pmatrix},\quad \vec{n}_2=\begin{pmatrix} a_2 \\ b_2 \\ c_2 \end{pmatrix},\quad \vec{n}_3=\begin{pmatrix} a_3 \\ b_3 \\ c_3 \end{pmatrix}.$$

(b) *Deutung des Kriteriums für eindeutige Lösbarkeit*
Der Anschauung entnimmt man (vgl. Abb. 62.6), daß die Ebenen genau einen Schnittpunkt haben, wenn diese Vektoren linear unabhängig sind. Dies ist genau dann der Fall, wenn der von ihnen aufgespannte Spat ein von Null verschiedenes Volumen hat:

$$\begin{vmatrix} a_1 & b_1 & c_1 \\ a_2 & b_2 & c_2 \\ a_3 & b_3 & c_3 \end{vmatrix} = \begin{vmatrix} a_1 & a_2 & a_3 \\ b_1 & b_2 & b_3 \\ c_1 & c_2 & c_3 \end{vmatrix} \neq 0.$$

Die Hauptdeterminante des Gleichungssystems muß also von Null verschieden sein. Damit ist das Determinantenkriterium für eindeutige Lösbarkeit anschaulich gedeutet.

(c) *Deutung der Lösungsformel,* etwa:

$$(**) \quad x_3 = \frac{\begin{vmatrix} a_1 & b_1 & d_1 \\ a_2 & b_2 & d_2 \\ a_3 & b_3 & d_3 \end{vmatrix}}{\begin{vmatrix} a_1 & b_1 & c_1 \\ a_2 & b_2 & c_2 \\ a_3 & b_3 & c_3 \end{vmatrix}}.$$

Wir können das Gleichungssystem (*) anders als in (a) auch so deuten: Man sucht reelle Zahlen x_1, x_2, x_3, mit denen man die Vektoren

$$\vec{a} = \begin{pmatrix} a_1 \\ a_2 \\ a_3 \end{pmatrix}, \quad \vec{b} = \begin{pmatrix} b_1 \\ b_2 \\ b_3 \end{pmatrix}, \quad \vec{c} = \begin{pmatrix} c_1 \\ c_2 \\ c_3 \end{pmatrix}$$

linear kombinieren muß, um den Vektor

$$\vec{d} = \begin{pmatrix} d_1 \\ d_2 \\ d_3 \end{pmatrix}$$

zu erhalten.

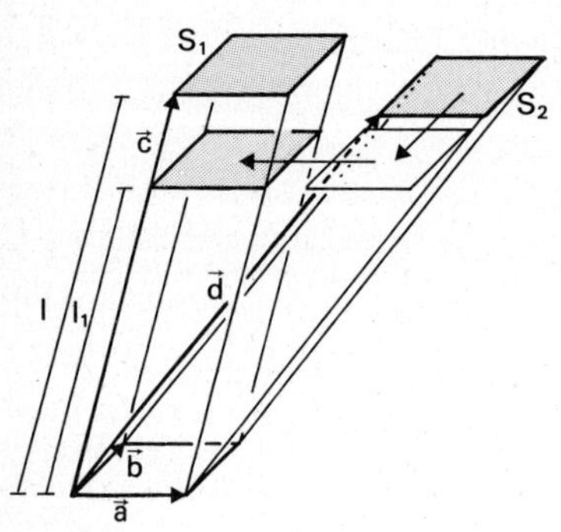

81

Man erhält x_3, indem man $\vec{d}$ parallel zur Ebene durch $\vec{a}$ und $\vec{b}$ auf $\vec{c}$ projiziert. Mit den Bezeichnungen von Abb. 81 gilt $x_3 = \frac{l}{l_1}$. Nun spannen $\vec{a}, \vec{b}, \vec{c}$ und $\vec{a}, \vec{b}, \vec{d}$ zwei Spate S_1 und S_2 auf, deren (orientierte) Volumina ebenfalls im Verhältnis $\frac{l}{l_1}$ stehen. (Das erkennt man, indem man S_2 ebenfalls parallel zur Ebene durch $\vec{a}$ und $\vec{b}$ in S_1 hineinschert.) Damit gilt

$$x_3 = \frac{l}{l_1} = \frac{\text{Volumen von } S_1}{\text{Volumen von } S_2} = \frac{\det(\vec{a}, \vec{b}, \vec{d})}{\det(\vec{a}, \vec{b}, \vec{c})},$$

also die behauptete Lösungsformel.

5 Anwendungen der Vektorrechnung in der Geometrie

5.1 Sätze der affinen Geometrie

Als „affine Geometrie" bezeichnet man den Teil der Geometrie, der nur Begriffe wie „Punkt", „Gerade", „Parallelität", „Teilverhältnis" benutzt, nicht aber (wie die euklidische Geometrie) metrische Begriffe wie „Länge" und „Winkel" (vgl. **affine Ebene, affiner Raum**). In diesem Abschnitt geben wir einige Beispiele für die vektorielle Behandlung von Problemen der affinen Geometrie, in Abschnitt 5.2 behandeln wir einige Probleme der euklidischen Geometrie.

Satz: Die Verbindungsgeraden der Seitenmitten eines beliebigen Vierecks bilden ein Parallelogramm.

Beweis (vgl. Abb. 82): Es gilt

$$\vec{a}' = \frac{1}{2}(\vec{a}+\vec{b}) \quad \text{und} \quad \vec{c}' = \frac{1}{2}(\vec{c}+\vec{d}).$$

Wegen $\vec{a}+\vec{b}+\vec{c}+\vec{d}=\vec{o}$ folgt $\vec{c}+\vec{d}=-(\vec{a}+\vec{b})$, also gilt

$$\vec{c}' = -\frac{1}{2}(\vec{a}+\vec{b}) = -\vec{a}'.$$

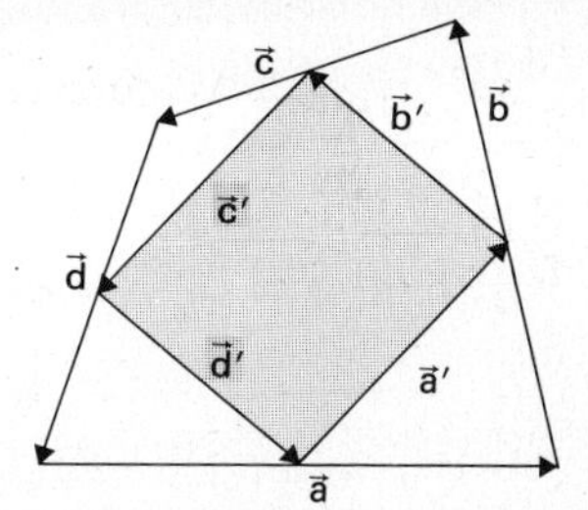

82

Satz: Die Diagonalen eines Parallelogramms halbieren sich.

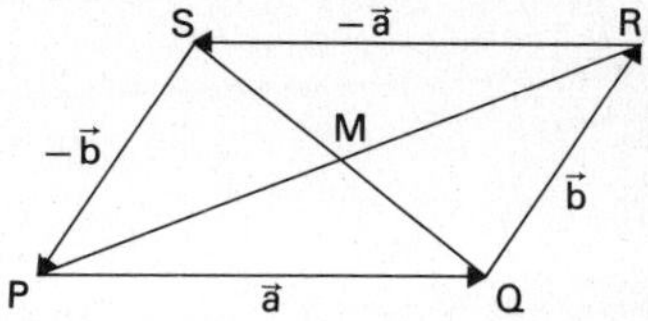

83

Beweis (vgl. Abb. 83): Da der Diagonalenschnittpunkt M auf PR liegt, gibt es eine reelle Zahl λ mit $\overrightarrow{PM}=\lambda(\vec{a}+\vec{b})$. Da M auch auf QS liegt, gibt es eine reelle Zahl μ mit $\overrightarrow{PM}=a+\mu(\vec{b}-\vec{a})$. Damit gilt $\lambda(\vec{a}+\vec{b})=\vec{a}+\mu(\vec{b}-\vec{a})$, also

$$(\lambda+\mu-1)\vec{a}+(\lambda-\mu)\vec{b}=\vec{o}.$$

Aus der linearen Unabhängigkeit von $\vec{a}$ und $\vec{b}$ folgt das Verschwinden der Koeffizienten bei $\vec{a}$, $\vec{b}$ und damit $\lambda = \mu = \frac{1}{2}$.

Die in 3.3 bewiesenen Sätze von Ceva und von Menelaos gehören ebenso in die affine Geometrie wie der Strahlensatz. Weitere Beispiele sind die Sätze von Desargues und Pappus:

Satz von Desargues (genauer: *affiner* Satz von D., nach G. Desargues, 1593–1662): Gegeben seien drei voneinander verschiedene Geraden g_1, g_2, g_3 durch ein Zentrum O. Auf g_i liegen die Punkte A_i und B_i, $i = 1, 2, 3$. Gilt $A_1 A_2 \| B_1 B_2$ und $A_2 A_3 \| B_2 B_3$, dann gilt auch $A_1 A_3 \| B_1 B_3$.

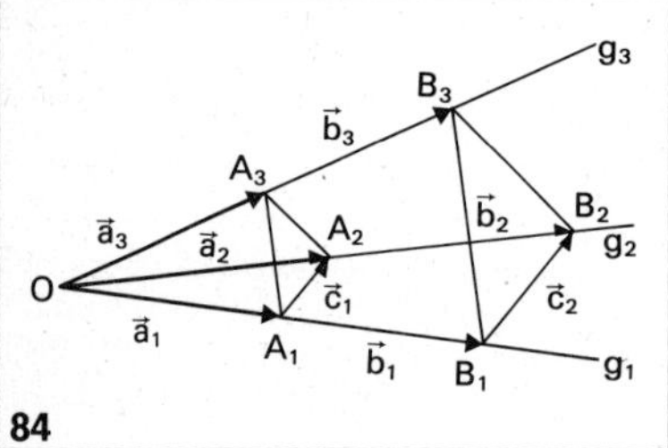

84

Beweis (vgl. Abb. 84): Nach Voraussetzung gibt es reelle Zahlen $\lambda_1, \lambda_2, \lambda_3$ mit

$$\vec{b}_1 = \lambda_1 \vec{a}_1, \quad \vec{b}_2 = \lambda_2 \vec{a}_2, \quad \vec{b}_3 = \lambda_3 \vec{a}_3.$$

Aus $A_1 A_2 \| B_1 B_2$ folgt die Existenz einer reellen Zahl $\varkappa$ mit der Eigenschaft

$$\vec{c}_2 := \overrightarrow{B_1 B_2} = \varkappa \overrightarrow{A_1 A_2} =: \varkappa \vec{c}_1.$$

Und wegen $\varkappa(\vec{a}_2 - \vec{a}_1) = \varkappa \vec{c}_1 = \vec{c}_2 = \lambda_2 \vec{a}_2 - \lambda_1 \vec{a}_1$ folgt

$$\vec{o} = \vec{a}_1 (\varkappa - \lambda_1) + \vec{a}_2 (\lambda_2 - \varkappa).$$

Aus der linearen Unabhängigkeit von $\vec{a}_1$ und $\vec{a}_2$ ergibt sich $\lambda_1 = \varkappa = \lambda_2$.

Aus $A_2 A_3 \| B_2 B_3$ folgt ebenso $\lambda_2 = \lambda_3$, also ist auch $\lambda_1 = \lambda_3$. Hieraus ergibt sich wegen

$$\overrightarrow{B_1 B_3} = \vec{b}_3 - \vec{b}_1 = \lambda_3 \vec{a}_3 - \lambda_1 \vec{a}_1 = \lambda_1 (\vec{a}_3 - \vec{a}_1) = \lambda_1 \overrightarrow{A_1 A_3}$$

die behauptete Parallelität.

Eine analoge Aussage gilt, falls g_1, g_2 und g_3 parallel zueinander verlaufen (ohne zusammenzufallen). Hier spricht man vom „kleinen Satz von Desargues".

Satz von Pappus-Pascal (nach Pappus von Alexandria, um 300 v. Chr. und B. Pascal, 1623–1662): Gegeben seien zwei Geraden g_1 und g_2, die sich in einem Punkt schneiden und sechs verschiedene Punkte, von denen je drei auf einer Geraden liegen:

$$P_1, P_2, P_3 \in g_1 \backslash g_2, \quad P_2, P_4, P_6 \in g_2 \backslash g_1.$$

Wenn dann in dem Sechseck $P_1P_2P_3P_4P_5P_6$ zwei Paare von Gegenseiten parallel sind, dann ist es auch das dritte Paar von Gegenseiten. Gilt etwa (vgl. Abb. 85)

$$\text{(a)}\ P_1P_2 \| P_4P_5 \quad \text{und} \quad \text{(b)}\ P_2P_3 \| P_5P_6,$$

dann gilt auch $P_3P_4 \| P_6P_1$.

Beweis: Mit den Bezeichnungen von Abb. 85 gilt $\vec{a}_1 = \vec{x} - \vec{y}$. Nach Voraussetzung (a) gibt es eine reelle Zahl λ mit $\vec{a}_4 = \lambda\vec{y} - \lambda\vec{x}$. Weiterhin hat man die Darstellung $\vec{a}_5 = \mu\vec{x} - \lambda\vec{y}$. Nun gibt es nach Voraussetzung (b) eine reelle Zahl $\varkappa$ mit $\vec{a}_2 = \varkappa\vec{a}_5 = \varkappa\mu\vec{x} - \varkappa\lambda\vec{y}$. Da andererseits $\vec{a}_2 = -\vec{x} + \omega\vec{y}$ gilt, folgen aus der linearen Unabhängigkeit von $\vec{x}$ und $\vec{y}$ die Beziehungen $\varkappa\mu = -1$ und $\omega = \frac{\lambda}{\mu}$. Daher gilt

$$\vec{a}_2 = -\vec{x} + \frac{\lambda}{\mu}\vec{y} \quad \text{und} \quad \vec{a}_3 = \lambda\vec{x} - \frac{\lambda}{\mu}\vec{y}.$$

Mit $\vec{a}_6 = \vec{y} - \mu\vec{x}$ folgt:

$$\vec{a}_6 = -\frac{\mu}{\lambda}\vec{a}_3,$$

also die behauptete Parallelität von P_3P_4 und P_6P_1.
Falls g_1 und g_2 parallel verlaufen, gilt eine analoge Aussage, man spricht dann vom „kleinen Satz von Pappus-Pascal" (vgl. Abb. 86).

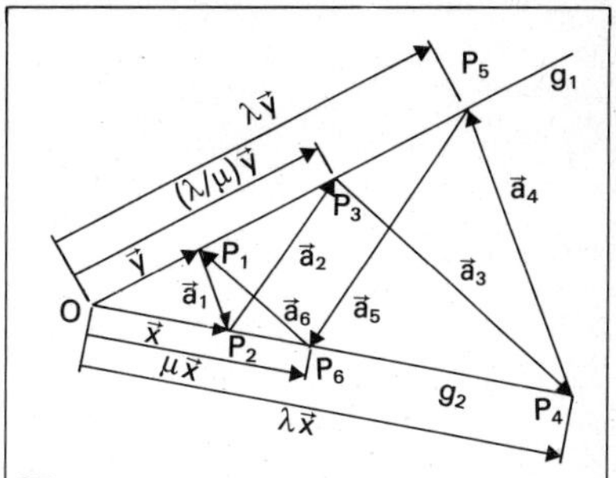

85

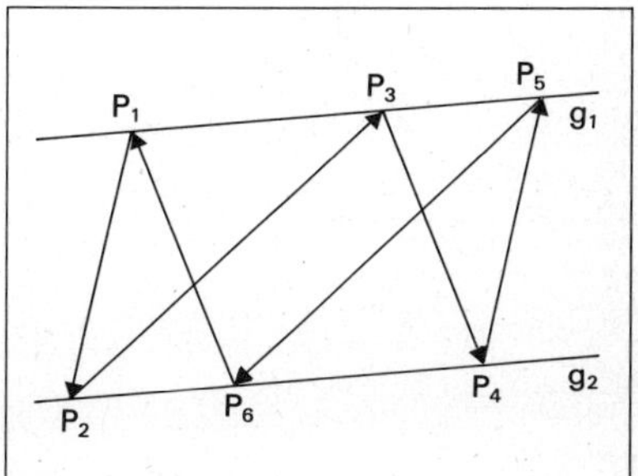

86

5.2 Sätze der euklidischen Geometrie

Es folgen einige Sätze der Geometrie, die sich unter Benutzung des Skalarproduktes vektoriell behandeln lassen. Im Gegensatz zu 5.1 spielen die Begriffe „Länge" und „Winkel" eine Rolle.

Höhensatz: In einem rechtwinkligen Dreieck hat das Quadrat über der Höhe (zur Hypotenuse) gleichen Inhalt wie das Rechteck aus den Hypotenusenabschnitten (Abb. 87).

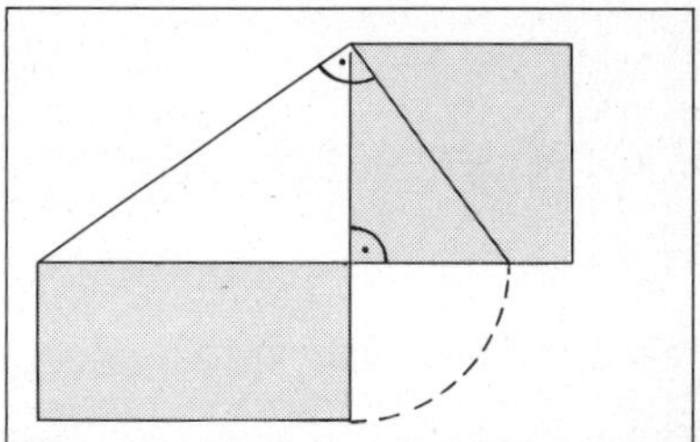
87

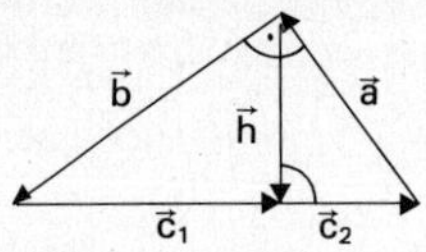

88

Beweis: Mit den Bezeichnungen aus Abb. 88 gilt $\vec{h}=\vec{b}+\vec{c}_1$ und $\vec{h}=-\vec{a}-\vec{c}_2$, also

$$\|\vec{h}\|^2=\vec{h}\cdot\vec{h}=-\vec{b}\cdot\vec{a}-\vec{b}\cdot\vec{c}_2-\vec{a}\cdot\vec{c}_1-\vec{c}_1\cdot\vec{c}_2. \quad (*)$$

Wegen $\vec{b}\perp\vec{a}$ verschwindet der erste Summand. Aus $\vec{h}\perp\vec{c}_2$ folgt

$$0=(\vec{b}+\vec{c}_1)\cdot\vec{c}_2=\vec{b}\cdot\vec{c}_2+\vec{c}_1\cdot\vec{c}_2,$$

also $\vec{b}\cdot\vec{c}_2=-\vec{c}_1\cdot\vec{c}_2$. Aus $\vec{h}\perp\vec{c}_1$ folgt

$$0=(-\vec{a}-\vec{c}_2)\cdot\vec{c}_1=-\vec{a}\cdot\vec{c}_1-\vec{c}_1\cdot\vec{c}_2,$$

also $\vec{a}\cdot\vec{c}_1=-\vec{c}_1\cdot\vec{c}_2$. Einsetzen in $(*)$ liefert

$$\|\vec{h}\|^2=\vec{c}_1\cdot\vec{c}_2=\|\vec{c}_1\|\,\|\vec{c}_2\|,$$

da $\vec{c}_1$ und $\vec{c}_2$ linear abhängig sind.

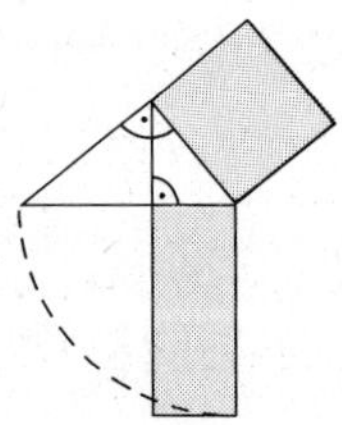
89

Kathetensatz: In einem rechtwinkligen Dreieck hat das Quadrat über einer Kathete gleichen Inhalt wie das Rechteck aus Hypotenuse und dem zugehörigen Hypotenusenabschnitt (vgl. Abb. 89).

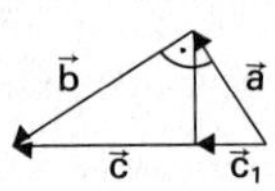

90

Beweis: Mit den Bezeichnungen von Abb. 90 hat man zu zeigen: $\|\vec{a}\|^2=\|\vec{c}\|\,\|\vec{c}_1\|$. Nun gilt nach 4.1

$$\vec{c}_1=\frac{\vec{a}\cdot\vec{c}}{\|\vec{c}\|^2}\vec{c},$$

also $\|\vec{c}_1\|\,\|\vec{c}\|=|\vec{a}\cdot\vec{c}|$. Wegen

$$\vec{a}\cdot\vec{c}=\vec{a}\cdot(\vec{a}+\vec{b})=\vec{a}\cdot\vec{a}+0$$

ergibt sich hieraus sofort die Behauptung.

Satz über die Höhen im Dreieck: Die Höhen in einem beliebigen Dreieck schneiden sich in einem Punkt P.

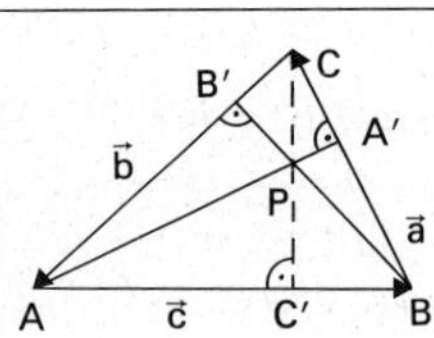

91

Beweis: Mit den Bezeichnungen von Abb. 91 sei P der Schnittpunkt der Höhen $h_a=AA'$ und $h_b=BB'$. Dann gilt $\overrightarrow{AP}\perp\vec{a}$ und $\overrightarrow{BP}\perp\vec{b}$. Wir zeigen, daß hieraus auch $\overrightarrow{CP}\perp\vec{c}$ folgt. Dazu schreiben wir $\overrightarrow{CP}=-\vec{a}+\overrightarrow{BP}$, $\overrightarrow{CP}=\vec{b}+\overrightarrow{AP}$ und setzen ein:

$$\begin{aligned}\overrightarrow{CP}\cdot\vec{c}&=\overrightarrow{CP}\cdot(-\vec{b}-\vec{a})=-\overrightarrow{CP}\cdot\vec{b}-\overrightarrow{CP}\cdot\vec{a}\\&=(\vec{a}-\overrightarrow{BP})\cdot\vec{b}-(\vec{b}+\overrightarrow{AP})\cdot\vec{a}\\&=\vec{a}\cdot\vec{b}-\overrightarrow{BP}\cdot\vec{b}-\vec{b}\cdot\vec{a}-\overrightarrow{AP}\cdot\vec{a}\\&=\vec{a}\cdot\vec{b}-\vec{b}\cdot\vec{a}=0.\end{aligned}$$

5.3 Abstandsbestimmungen

Abstand eines Punktes von einer Geraden im Raum

Gegeben sei ein Punkt P mit dem Ortsvektor $\vec{p}$ und eine Gerade g mit der Gleichung $\vec{x}=\vec{q}+\mu\vec{b}$. Die Projektion von $\vec{p}-\vec{q}$ auf $\vec{b}$ ist der Vektor

$$\vec{c}=\frac{(\vec{p}-\vec{q})\cdot\vec{b}}{\|\vec{b}\|^2}\vec{b}$$

(vgl. Abb. 92). Der „Abstandsvektor" ist gegeben durch

$$\vec{d}=\vec{c}-(\vec{p}-\vec{q})=\frac{(\vec{p}-\vec{q})\cdot\vec{b}}{\|\vec{b}\|^2}\vec{b}-(\vec{p}-\vec{q}).$$

Seine Norm gibt den gesuchten Abstand an.

Abstand eines Punktes von einer Ebene

Gegeben sei ein Punkt P mit dem Ortsvektor $\vec{p}$ und eine Ebene E mit der Gleichung $\vec{x}=\vec{q}+\lambda\vec{a}+\mu\vec{b}$. Gesucht ist der Abstand von P zu E.

1. Lösungsweg: Wenn X der Fußpunkt des Lotes von P auf E ist, dann muß der Verbindungsvektor $\overrightarrow{PX}$ zu den Spannvektoren $\vec{a}$ und $\vec{b}$ der Ebene orthogonal sein. Es ergeben sich zwei Bedingungen

$$\overrightarrow{XP}\perp\vec{a},\quad \overrightarrow{XP}\perp\vec{b}$$

oder

$$(\vec{p}-\vec{q}-\lambda\vec{a}-\mu\vec{b})\cdot\vec{a}=0,$$
$$(\vec{p}-\vec{q}-\lambda\vec{a}-\mu\vec{b})\cdot\vec{b}=0$$

bzw.

$$\lambda\vec{a}\cdot\vec{a}+\mu\vec{b}\cdot\vec{a}=(\vec{p}-\vec{q})\cdot\vec{a},$$
$$\lambda\vec{a}\cdot\vec{b}+\mu\vec{b}\cdot\vec{b}=(\vec{p}-\vec{q})\cdot\vec{b}$$

Man löst dieses System aus zwei linearen Gleichungen mit zwei Variablen nach λ und μ auf und setzt die Lösung in die Ebenengleichung ein. Die Norm des Vektors $\overrightarrow{PX}$ ist der gesuchte Abstand (vgl. Abb. 93).

2. Lösungsweg: Man bestimmt eine Hessesche Normalform der Ebene E und setzt den Ortsvektor von P ein (vgl. 4.3, Abb. 76).

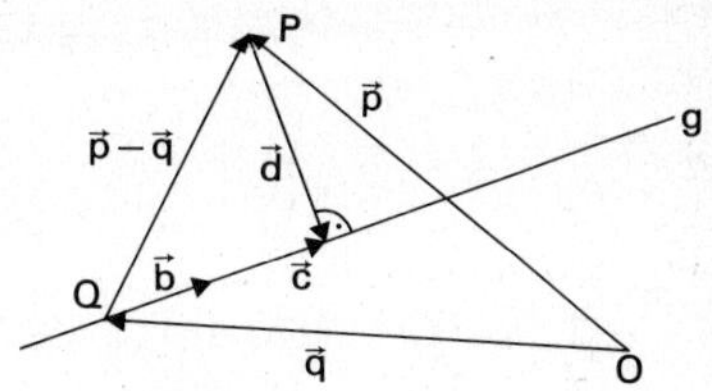

Beispielsweise ergibt sich für P=(4|2|3) und

$$g:\vec{x}=\begin{pmatrix}-1\\-1\\2\end{pmatrix}+\mu\begin{pmatrix}2\\1\\-1\end{pmatrix}:$$

$$\vec{c}=\frac{\begin{pmatrix}5\\3\\1\end{pmatrix}\cdot\begin{pmatrix}2\\1\\-1\end{pmatrix}}{6}\begin{pmatrix}2\\1\\-1\end{pmatrix}-\begin{pmatrix}5\\3\\1\end{pmatrix}$$

$$=2\begin{pmatrix}2\\1\\-1\end{pmatrix}-\begin{pmatrix}5\\3\\1\end{pmatrix}=\begin{pmatrix}-1\\-1\\-3\end{pmatrix}$$

damit ergibt sich

$$\vec{d}=\begin{pmatrix}-1\\-1\\-3\end{pmatrix}-\begin{pmatrix}5\\3\\1\end{pmatrix}=\begin{pmatrix}-6\\-4\\-4\end{pmatrix}$$

und der gesuchte Abstand ist $\|\vec{d}\|=\sqrt{68}$.

92

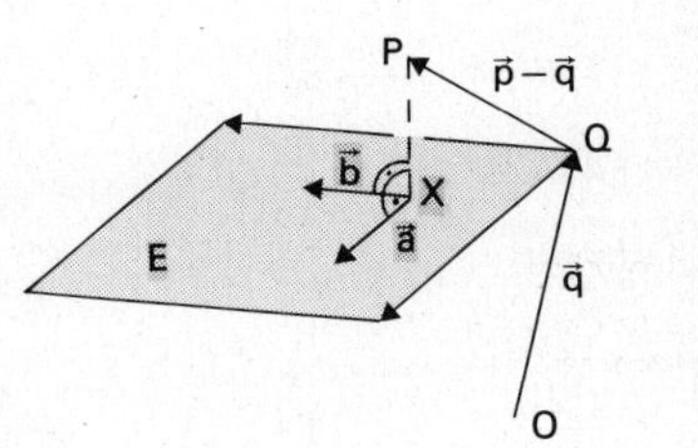

93

Beispiel: Welchen Abstand hat der Punkt $P=(5|0|4)$ von der Ebene E mit der Gleichung

$$\vec{x}=\begin{pmatrix}2\\1\\0\end{pmatrix}+\lambda\begin{pmatrix}0\\0\\2\end{pmatrix}+\mu\begin{pmatrix}1\\-1\\1\end{pmatrix}?$$

1. Lösungsweg: Für den Fußpunkt X des Lotes von P auf E erhält man aus den beschriebenen Orthogonalitätsbedingungen die Gleichungen

$$\begin{pmatrix}0\\0\\2\end{pmatrix}\cdot\begin{pmatrix}0\\0\\2\end{pmatrix}\lambda+\begin{pmatrix}1\\-1\\1\end{pmatrix}\cdot\begin{pmatrix}0\\0\\2\end{pmatrix}\mu=\begin{pmatrix}5-2\\0-1\\4-0\end{pmatrix}\cdot\begin{pmatrix}0\\0\\2\end{pmatrix}$$

$$\begin{pmatrix}0\\0\\2\end{pmatrix}\cdot\begin{pmatrix}1\\-1\\1\end{pmatrix}\lambda+\begin{pmatrix}1\\-1\\1\end{pmatrix}\cdot\begin{pmatrix}1\\-1\\1\end{pmatrix}\mu=\begin{pmatrix}5-2\\0-1\\4-0\end{pmatrix}\cdot\begin{pmatrix}1\\-1\\1\end{pmatrix}$$

oder

$$4\lambda+2\mu=8$$
$$2\lambda+3\mu=8$$

mit der Lösung $\lambda=1$ und $\mu=2$. Der Fußpunkt des Lotes von P auf E hat damit den Ortsvektor

$$\overrightarrow{OX}=\begin{pmatrix}2\\1\\0\end{pmatrix}+1\begin{pmatrix}0\\0\\2\end{pmatrix}+2\begin{pmatrix}1\\-1\\1\end{pmatrix}=\begin{pmatrix}4\\-1\\4\end{pmatrix}.$$

Für den gesuchten Abstand erhält man

$$d(P,E)=\|\overrightarrow{PX}\|=\left\|\begin{pmatrix}-1\\-1\\0\end{pmatrix}\right\|=\sqrt{2}.$$

2. Lösungsweg: Einen Normalenvektor der Ebene E erhält man als Vektorprodukt der Spannvektoren:

$$\vec{n}=\begin{pmatrix}0\\0\\2\end{pmatrix}\times\begin{pmatrix}1\\-1\\1\end{pmatrix}=2\cdot\begin{pmatrix}1\\1\\0\end{pmatrix}.$$

Ein Normaleneinheitsvektor ist damit

$$\vec{n}_0=\begin{pmatrix}\sqrt{\frac{1}{2}}\\\sqrt{\frac{1}{2}}\\0\end{pmatrix},$$

und der gesuchte Abstand ergibt sich zu

$$d(P,E)=\left|\vec{n}_0\cdot\begin{pmatrix}5-2\\0-1\\4-0\end{pmatrix}\right|=\left|\begin{pmatrix}\sqrt{\frac{1}{2}}\\\sqrt{\frac{1}{2}}\\0\end{pmatrix}\cdot\begin{pmatrix}3\\-1\\4\end{pmatrix}\right|=\frac{2}{\sqrt{2}}=\sqrt{2}.$$

Abstand zwischen windschiefen Geraden
Gegeben seien die Geraden

$$g\colon \vec{x}=\vec{p}+\lambda\vec{a}$$

$$h\colon \vec{y}=\vec{q}+\mu\vec{b}$$

Der „Verbindungsvektor" $\overrightarrow{XY}$ zwischen einem Punkt X auf g und einem Punkt Y auf h ist

$$\overrightarrow{XY}=\vec{q}-\vec{p}-\lambda\vec{a}+\mu\vec{b}.$$

Seine Norm wird minimal, wenn er zu den Richtungsvektoren beider Geraden orthogonal steht:

$$\overrightarrow{XY}\perp\vec{a}\quad\text{und}\quad\overrightarrow{XY}\perp\vec{b}$$

$$\Leftrightarrow\begin{cases}(\vec{q}-\vec{p}-\lambda\vec{a}+\mu\vec{b})\cdot\vec{a}=0\\(\vec{q}-\vec{p}-\lambda\vec{a}+\mu\vec{b})\cdot\vec{b}=0\end{cases}$$

$$\Leftrightarrow\begin{cases}\vec{a}\cdot\vec{a}\,\lambda-\vec{b}\cdot\vec{a}\,\mu=(\vec{q}-\vec{p})\cdot\vec{a}\\\vec{a}\cdot\vec{b}\,\lambda-\vec{b}\cdot\vec{b}\,\mu=(\vec{q}-\vec{p})\cdot\vec{b}\end{cases}$$

Man bestimmt aus diesem Gleichungssystem λ und μ und erhält durch Einsetzen in die Geradengleichungen die Punkte minimalen Abstandes. Die Norm des Verbindungsvektors wird auch als Abstand der Geraden bezeichnet (vgl. Abb. 94).

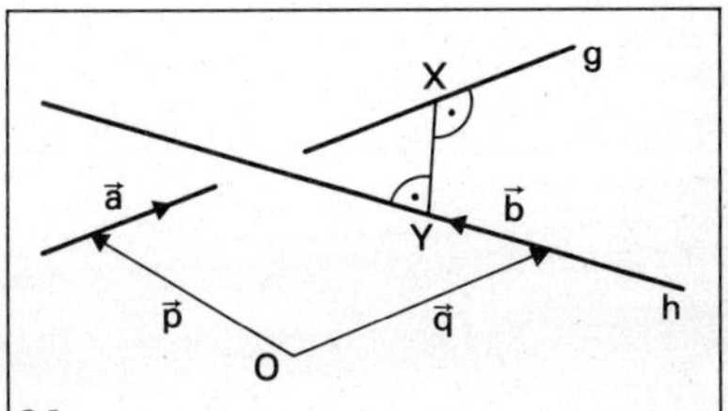

94

Beispiel: Für

$$g\colon\vec{x}=\begin{pmatrix}1\\1\\1\end{pmatrix}+\lambda\begin{pmatrix}1\\2\\0\end{pmatrix},\quad h\colon\vec{y}=\begin{pmatrix}2\\0\\1\end{pmatrix}+\mu\begin{pmatrix}0\\1\\1\end{pmatrix}$$

erhält man für die Punkte minimalen Abstandes die Bedingungen

$$5\lambda-2\mu=-1$$

$$2\lambda-2\mu=-1$$

mit der Lösung $\lambda=0$ und $\mu=\frac{1}{2}$. Der minimale Abstand zwischen g und h wird daher bei den Punkten $X=(1|1|1)$ auf g und $Y=(2|0{,}5|1{,}5)$ auf h angenommen. Er beträgt $\|\overrightarrow{XY}\|=\sqrt{1{,}5}$.

6 Lineare und affine Abbildungen

6.1 Lineare Abbildungen von Vektorräumen

Eine Abbildung $f\colon V \to W$ des Vektorraumes V in den Vektorraum W heißt *linear*, wenn

$$f(\vec{x}_1 + \vec{x}_2) = f(\vec{x}_1) + f(\vec{x}_2) \quad \text{für alle } \vec{x}_1, \vec{x}_2 \in V$$

und

$$f(\alpha \vec{x}) = \alpha f(\vec{x}) \quad \text{für alle } \alpha \in \mathbb{R} \text{ und alle } \vec{x} \in V.$$

Wir betrachten die Vektorräume $V = \mathbb{R}^n$ und $W = \mathbb{R}^m$. Die Bilder der „natürlichen" Basisvektoren von $\mathbb{R}^n$ seien gegeben durch

$$\vec{a}_1 := f\begin{pmatrix}1\\0\\0\\\vdots\\0\end{pmatrix} = \begin{pmatrix}a_{11}\\a_{12}\\a_{13}\\\vdots\\a_{1m}\end{pmatrix}, \ldots, \vec{a}_n := f\begin{pmatrix}0\\0\\0\\\vdots\\1\end{pmatrix} = \begin{pmatrix}a_{n1}\\a_{n2}\\a_{n3}\\\vdots\\a_{nm}\end{pmatrix}.$$

Dann gilt für das Bild $\vec{x}'$ eines beliebigen Vektors $\vec{x}$ aus $\mathbb{R}^n$

$$\vec{x}' := f\begin{pmatrix}x_1\\x_2\\x_3\\\vdots\\x_n\end{pmatrix} = x_1\begin{pmatrix}a_{11}\\a_{12}\\a_{13}\\\vdots\\a_{1m}\end{pmatrix} + x_2\begin{pmatrix}a_{21}\\a_{22}\\a_{23}\\\vdots\\a_{2m}\end{pmatrix} + \ldots + x_n\begin{pmatrix}a_{n1}\\a_{n2}\\a_{n3}\\\vdots\\a_{nm}\end{pmatrix}$$

oder ausgeschrieben:

$$(*) \quad \begin{aligned} x_1' &= a_{11}x_1 + a_{12}x_2 + \ldots + a_{1n}x_n \\ x_2' &= a_{21}x_1 + a_{22}x_2 + \ldots + a_{2n}x_n \\ &\vdots \\ x_m' &= a_{m1}x_1 + a_{m2}x_2 + \ldots + a_{mn}x_n \end{aligned}.$$

Die Zahlen a_{ij} $(i = 1, 2, \ldots, m;\ j = 1, 2, \ldots, n)$ bilden eine Matrix

$$A := \begin{pmatrix} a_{11} & a_{12} & \dots & a_{1n} \\ a_{21} & a_{22} & \dots & a_{2n} \\ \vdots & \vdots & & \vdots \\ a_{m1} & a_{m2} & \dots & a_{mn} \end{pmatrix}.$$

Kürzen wir die rechte Seite der Abbildungsgleichungen (*) durch $A\vec{x}$ ab, dann ist

$$\vec{x}' = A\vec{x}$$

mit $\vec{x} \in \mathbb{R}^n$ und $\vec{x}' \in \mathbb{R}^m$. Die Spalten der Abbildungsmatrix A sind die Bilder der „natürlichen" Basisvektoren von $\mathbb{R}^n$. In Abb. 95 ist ein Beispiel hierzu dargestellt.

Die Vektoren aus $\mathbb{R}^n$, die auf den Nullvektor von $\mathbb{R}^m$ abgebildet werden, sind die Lösungen des homogenen Gleichungssystems $A\vec{x} = \vec{o}$. Sie bilden einen Unterraum von $\mathbb{R}^n$, denn aus $A\vec{x}_1 = \vec{o}$ und $A\vec{x}_2 = \vec{o}$ folgt

$$\begin{aligned} A(\alpha_1\vec{x}_1 + \alpha_2\vec{x}_2) &= A(\alpha_1\vec{x}_1) + A(\alpha_2\vec{x}_2) \\ &= \alpha_1 A\vec{x}_1 + \alpha_2 A\vec{x}_2 = \vec{o}. \end{aligned}$$

Deutet man die Elemente von $\mathbb{R}^n$ als Punkte, dann ergibt sich die durch A vermittelte Abbildung des Punktraumes $\mathbb{R}^n$ in den Punktraum $\mathbb{R}^m$. Im Sonderfall $m = n$ nennt man die durch

$$\vec{x}' = A\vec{x} + \vec{b}$$

mit $\vec{b} \in \mathbb{R}^n$ definierte Abbildung des Punktraumes $\mathbb{R}^n$ in sich eine **affine Abbildung,** wenn die Matrix A den Rang n hat, wenn das homogene Gleichungssystem $A\vec{x} = \vec{o}$ also nur die triviale Lösung $\vec{o}$ besitzt. Im folgenden Abschnitt untersuchen wir den Fall $n = 2$, wir behandeln also affine Abbildungen der Ebene auf sich.

f: $\mathbb{R}^3 \to \mathbb{R}^2$ sei eine lineare Abbildung mit

$$f: \begin{pmatrix} 1 \\ 0 \\ 0 \end{pmatrix} \mapsto \begin{pmatrix} 2 \\ 1 \end{pmatrix}$$

$$f: \begin{pmatrix} 0 \\ 1 \\ 0 \end{pmatrix} \mapsto \begin{pmatrix} 3 \\ 0 \end{pmatrix}$$

$$f: \begin{pmatrix} 0 \\ 0 \\ 1 \end{pmatrix} \mapsto \begin{pmatrix} 1 \\ 5 \end{pmatrix}$$

Dann ist

$$A = \begin{pmatrix} 2 & 3 & 1 \\ 1 & 0 & 5 \end{pmatrix}$$

die zugehörige Abbildungsmatrix.

95

6.2 Affine Abbildungen der Ebene auf sich

Eine Abbildung der Ebene auf sich mit der Abbildungsgleichung

(1) $\vec{x}' = A\vec{x} + \vec{b} \quad (\vec{x}, \vec{b}, \vec{x}' \in \mathbb{R}^2)$

heißt eine **affine Abbildung**, wenn $rg(A)=2$. (Dies ist genau dann der Fall, wenn die **Determinante** von $A=\begin{pmatrix} a_{11} & a_{12} \\ a_{21} & a_{22} \end{pmatrix}$ nicht verschwindet, wenn also $a_{11}a_{22}-a_{12}a_{21} \neq 0$.) Die *Fixpunkte* dieser Abbildung ergeben sich aus der Gleichung

$$A\vec{x}+\vec{b}=\vec{x}.$$

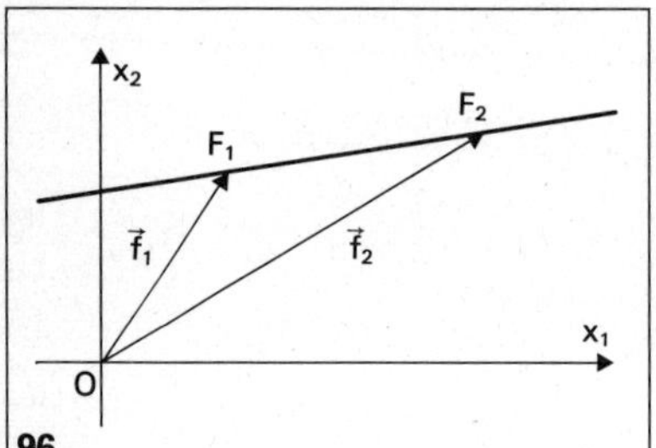

96

Gibt es zwei verschiedene Fixpunkte F_1 und F_2, dann ist jeder Punkt der Geraden durch F_1 und F_2 Fixpunkt; es liegt dann also eine *Fixpunktgerade* vor. Ist nämlich

$$\vec{x}=\alpha\vec{f}_1+(1-\alpha)\vec{f}_2,$$

wobei $\vec{f}_1, \vec{f}_2$ die Ortsvektoren von F_1 und F_2 sind (vgl. Abb. 96), dann ist

$$\begin{aligned} A\vec{x}+\vec{b} &= A(\alpha\vec{f}_1+(1-\alpha)\vec{f}_2)+\vec{b} \\ &= \alpha(A\vec{f}_1+\vec{b})+(1-\alpha)(A\vec{f}_2+\vec{b}) \\ &= \alpha\vec{f}_1+(1-\alpha)\vec{f}_2=\vec{x}. \end{aligned}$$

Jede Gerade wird bei einer affinen Abbildung wieder auf eine Gerade abgebildet. Das Bild der Geraden mit der Gleichung

(2) $\quad \vec{x}=\vec{p}+\alpha\vec{v}$

ist bei Anwendung der affinen Abbildung (1) die Gerade mit der Gleichung

$$\vec{x}=A\vec{p}+\vec{b}+\alpha(A\vec{v}).$$

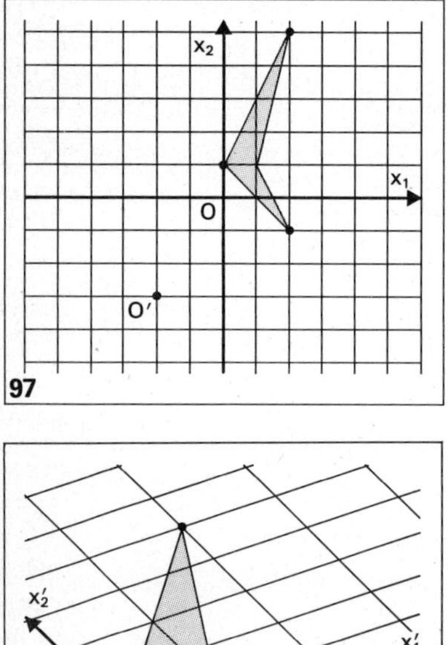

97

Bleibt eine Gerade als Ganzes fest, dann heißt sie eine *Fixgerade* (zu unterscheiden von der oben definierten *Fixpunktgeraden*). Genau dann ist die Gerade in (2) eine Fixgerade, wenn ein $\lambda \in \mathbb{R}\setminus\{0\}$ existiert mit

$$A\vec{v}=\lambda\vec{v}$$

und wenn ein $\alpha_0 \in \mathbb{R}$ existiert mit

$$A\vec{p}+\vec{b}=\vec{p}+\alpha_0\vec{v}.$$

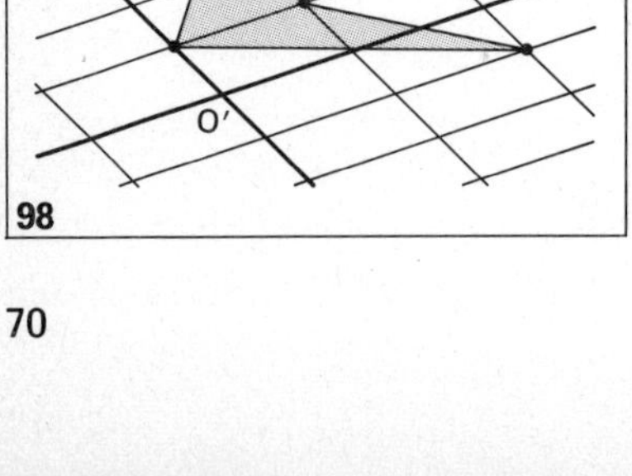

98

Man nennt λ dann einen **Eigenwert** von A; der Richtungsvektor $\vec{v}$ der Fixgeraden heißt zugehöriger *Eigenvektor.*

Man erhält eine gute Vorstellung von einer affinen Abbildung, wenn man das Bild des Koordinatengitters betrachtet. Abb. 97 und Abb. 98 zeigen dies für die Abbildung mit den Gleichungen

$$x_1' = 3x_1 - x_2 - 2$$
$$x_2' = x_1 + x_2 - 3.$$

Die affine Abbildung mit der Gleichung $\vec{x}' = A\vec{x} + \vec{b}$ ist aus der Abbildung mit der Gleichung $\vec{x}' = A\vec{x}$ mit dem Fixpunkt $(0|0)$ und der Verschiebung mit der Gleichung $\vec{x}'' = \vec{x}' + \vec{b}$ zusammengesetzt. Wir betrachten jetzt nur noch die Abbildung mit der Gleichung

$$\vec{x}' = A\vec{x}.$$

Dies ist eine *Ähnlichkeitsabbildung,* wenn $\|\vec{x}'\| = k \cdot \|\vec{x}\|$ für alle $\vec{x} \in \mathbb{R}^2$, wobei k eine positive reelle Zahl ist. Diese Bedingung ist gleichwertig mit

$$\|A\vec{x}\|^2 = k^2 \cdot \|\vec{x}\|^2 \quad \text{für alle} \quad \vec{x} \in \mathbb{R}^2.$$

Dies wiederum bedeutet

$$(a_{11}x_1 + a_{12}x_2)^2 + (a_{21}x_1 + a_{22}x_2)^2 = k^2(x_1^2 + x_2^2)$$

für alle $x_1, x_2 \in \mathbb{R}$. Für $x_1 = 1$ und $x_2 = 0$ ergibt sich

$$a_{11}^2 + a_{21}^2 = k^2.$$

Für $x_1 = 0$ und $x_2 = 1$ ergibt sich

$$a_{12}^2 + a_{22}^2 = k^2.$$

Für $x_1 = x_2 = 1$ erhält man unter Berücksichtigung der beiden schon gewonnenen Beziehungen

$$a_{11}a_{12} + a_{21}a_{22} = 0.$$

Die Spaltenvektoren der Matrix $A = \begin{pmatrix} a_{11} & a_{12} \\ a_{21} & a_{22} \end{pmatrix}$ sind also orthogonal zueinander und haben die Norm k. Ist $k = 1$, dann werden durch die Matrix A *Kongruenzabbildungen* definiert. In diesem Fall heißt die Matrix A *orthogonal.* Durch eine orthogonale Matrix wird entweder eine Drehung oder eine Geradenspiegelung beschrieben.

Beispiel 1: Die Matrix

$$A = \begin{pmatrix} \frac{1}{2} & -\frac{1}{2}\sqrt{3} \\ \frac{1}{2}\sqrt{3} & \frac{1}{2} \end{pmatrix} = \begin{pmatrix} \cos 60° & -\sin 60° \\ \sin 60° & \cos 60° \end{pmatrix}$$

vermittelt eine (Links-) Drehung um den Ursprung um 60° (vgl. Abb. 99).

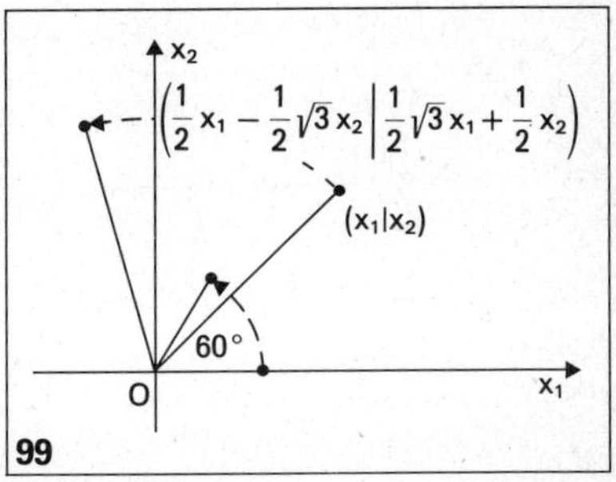

99

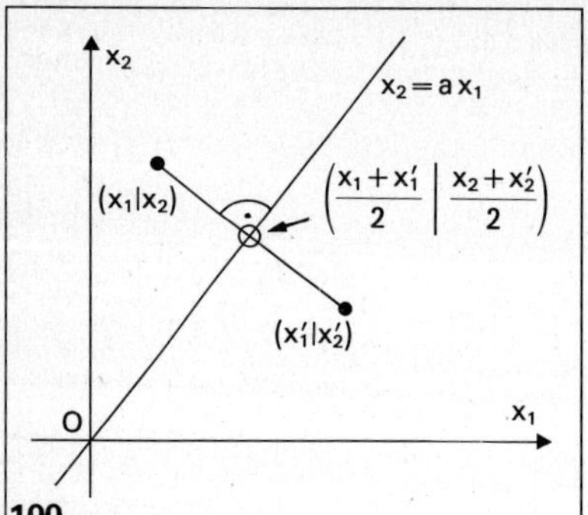

100

Beispiel 2: Die Abbildungsgleichungen der Spiegelung an der Geraden mit der Gleichung $x_2 = a x_1$ gewinnt man aus folgendem Ansatz (Abb. 100): Es gilt

$$\frac{x_2'+x_2}{2} = a \cdot \frac{x_1'+x_1}{2}$$

und

$$\frac{x_2'-x_2}{x_1'-x_1} = -\frac{1}{a},$$

also

$$\begin{aligned} a x_1' - x_2' &= -a x_1 + x_2 \\ x_1' + a x_2' &= x_1 + a x_2. \end{aligned}$$

Auflösung dieses linearen Gleichungssystems nach x_1', x_2' ergibt

$$x_1' = \frac{1-a^2}{1+a^2} \cdot x_1 + \frac{2a}{1+a^2} \cdot x_2$$

$$x_2' = \frac{2a}{1+a^2} \cdot x_1 - \frac{1-a^2}{1+a^2} \cdot x_2.$$

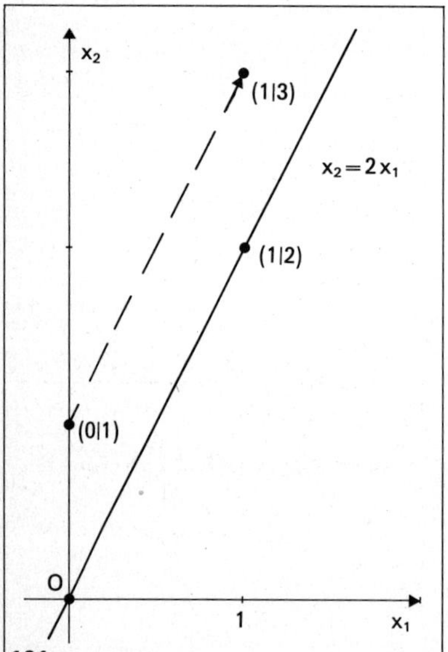

101

Beispiel 3: Wir untersuchen die Scherung längs der Geraden mit der Gleichung $x_2 = 2x_1$, bei welcher der Punkt (0|1) auf den Punkt (1|3) abgebildet wird (Abb. 101). Aus dem Ansatz

$$\begin{aligned} x_1' &= a x_1 + b x_2 \\ x_2' &= c x_1 + d x_2 \end{aligned}$$

erhalten wir zunächst

$$\begin{aligned} 1 &= a \cdot 0 + b \cdot 1 \\ 3 &= c \cdot 0 + d \cdot 1, \end{aligned}$$

also $b = 1$ und $d = 3$. Jetzt nutzen wir aus, daß (1|2) ein Fixpunkt ist:

$$\begin{aligned} 1 &= a \cdot 1 + 1 \cdot 2 \\ 2 &= c \cdot 1 + 3 \cdot 2. \end{aligned}$$

Dies liefert $a = -1$ und $c = -4$. Die Abbildungsmatrix lautet also $\begin{pmatrix} -1 & 1 \\ -4 & 3 \end{pmatrix}$.

6.3 Verkettung von linearen Abbildungen und Matrizenmultiplikation

Es soll eine lineare Abbildung von $\mathbb{R}^n$ in $\mathbb{R}^m$ mit einer solchen von $\mathbb{R}^m$ in $\mathbb{R}^l$ verkettet werden (Abb. 102). Wir wollen untersuchen, wie die Matrix C der **Verkettung** $\mathbb{R}^n \to \mathbb{R}^l$ aus den Matrizen A und B der beiden gegebenen Abbildungen zu berechnen ist. Zunächst betrachten wir das Beispiel in Abb. 103. Die Abbildung von $\mathbb{R}^4$ in $\mathbb{R}^2$ ist gegeben durch

$$x_1' = 2x_1 + 5x_2 + 7x_3 + 2x_4$$
$$x_2' = 1x_1 + 6x_2 + 0x_3 + 1x_4\,.$$

Die Abbildung von $\mathbb{R}^2$ in $\mathbb{R}^3$ ist gegeben durch

$$x_1'' = 1x_1' + 2x_2'$$
$$x_2'' = 0x_1' + 4x_2'$$
$$x_3'' = 3x_1' + 1x_2'\,.$$

Dann ist

$$\begin{aligned} x_1'' &= 1\cdot(2x_1 + 5x_2 + 7x_3 + 2x_4) \\ &\quad + 2\cdot(1x_1 + 6x_2 + 0x_3 + 1x_4) \\ &= (1\cdot 2 + 2\cdot 1)x_1 + (1\cdot 5 + 2\cdot 6)x_2 \\ &\quad + (1\cdot 7 + 2\cdot 0)x_3 + (1\cdot 2 + 2\cdot 1)x_4 \\ &= 4x_1 + 17x_2 + 7x_3 + 4x_4\,. \end{aligned}$$

Der Koeffizient bei x_1 ist also das Skalarprodukt der ersten Zeile von A mit der ersten Spalte von B. Entsprechend erhält man

$$x_2'' = 4x_1 + 24x_2 + 0x_3 + 4x_4$$
$$x_3'' = 7x_1 + 21x_2 + 21x_3 + 7x_4\,.$$

(Beispielsweise ist der Koeffizient 7 bei x_4 in dem Ausdruck für x_3'' wiederum das Skalarprodukt der dritten Zeile von A mit der vierten Spalte von B.) Die Verkettung von f und g wird also beschrieben durch die Matrix

$$C = \begin{pmatrix} 4 & 17 & 7 & 4 \\ 4 & 24 & 0 & 4 \\ 7 & 21 & 21 & 7 \end{pmatrix}.$$

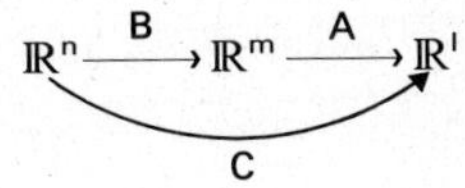

102

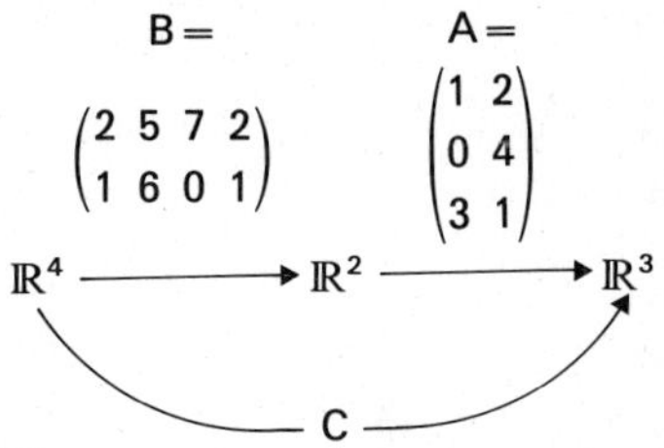

103

$$\begin{array}{c|c} & \begin{pmatrix}3\\6\\1\end{pmatrix} \\ \hline (2\ \ 1\ \ 5) & (17)\end{array}$$

$$\begin{array}{c|c} & \begin{pmatrix}5\\7\end{pmatrix} \\ \hline \begin{pmatrix}2 & 3\\-1 & 0\end{pmatrix} & \begin{pmatrix}31\\-5\end{pmatrix}\end{array}$$

$$\begin{array}{c|c} & \begin{pmatrix}1 & 2 & 0\\2 & 0 & 1\\0 & 1 & 2\end{pmatrix} \\ \hline (5\ \ -1\ \ 2) & (3\ \ 12\ \ 3)\end{array}$$

$$\begin{array}{c|c} & \begin{pmatrix}6 & 5 & 3 & 0 & 6\\1 & 0 & -1 & 2 & 0\\-3 & 4 & 6 & 0 & -6\end{pmatrix} \\ \hline \begin{pmatrix}2 & 1 & 0\\0 & 3 & 1\end{pmatrix} & \begin{pmatrix}13 & 10 & 5 & 2 & 12\\0 & 4 & 3 & 6 & -6\end{pmatrix}\end{array}$$

$$\begin{array}{c|c} & \begin{pmatrix}2 & 1 & 1 & 3 & 0\\0 & -1 & 0 & -2 & 0\end{pmatrix} \\ \hline \begin{pmatrix}3 & 1\\4 & -2\\0 & 4\end{pmatrix} & \begin{pmatrix}6 & 2 & 3 & 7 & 0\\8 & 6 & 4 & 16 & 0\\0 & -4 & 0 & -8 & 0\end{pmatrix}\end{array}$$

$$\begin{array}{c|c} & \begin{pmatrix}2 & -2 & 0\\1 & -1 & 0\\5 & -5 & 0\end{pmatrix} \\ \hline \begin{pmatrix}1 & -2 & 0\\0 & 5 & -1\\5 & 0 & -2\end{pmatrix} & \begin{pmatrix}0 & 0 & 0\\0 & 0 & 0\\0 & 0 & 0\end{pmatrix}\end{array}$$

104

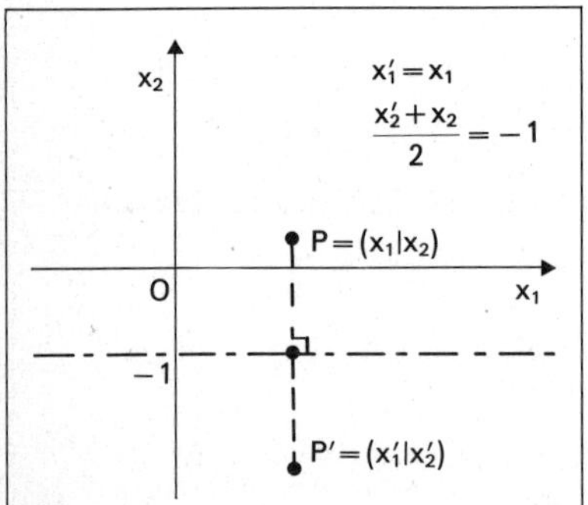

105

Im allgemeinen Fall (Abb. 102) ist in dem Ausdruck für x_i'' der Koeffizient bei x_k das Skalarprodukt der i-ten Zeile von A mit der k-ten Spalte von B, d. h. es gilt

$$x_i'' = c_{i1} x_1 + c_{i2} x_2 + \ldots + c_{in} x_n$$

$(i = 1, 2, \ldots, l)$ wobei

$$c_{ik} = a_{i1} b_{1k} + a_{i2} b_{2k} + \ldots + a_{im} b_{mk}$$

$(i = 1, 2, \ldots, l;\ k = 1, 2, \ldots, n)$. Dies sind also die Zahlen in der gesuchten Matrix C. Wir schreiben $C = AB$ und haben damit eine *Matrizenmultiplikation* definiert. Ein Matrizenprodukt berechnet man zweckmäßigerweise nach dem Schema aus Abb. 104.

Mit Hilfe der Matrizenmultiplikation läßt sich auch die Verkettung affiner Abbildungen (vgl. 6.2) darstellen.

Beispiel: Durch

$$\vec{x}' = \begin{pmatrix}1 & 0\\0 & -1\end{pmatrix}\vec{x} + \begin{pmatrix}0\\-2\end{pmatrix}$$

ist die Spiegelung an der Geraden mit der Gleichung $x_2 = -1$ gegeben (Abb. 105). Durch

$$\vec{x}' = \begin{pmatrix}-\frac{3}{5} & \frac{4}{5}\\\frac{4}{5} & \frac{3}{5}\end{pmatrix}\vec{x} + \begin{pmatrix}\frac{4}{5}\\-\frac{2}{5}\end{pmatrix}$$

ist die Spiegelung an der Geraden mit der Gleichung $x_2 = 2x_1 - 1$ gegeben (Abb. 106). Die **Verkettung** (in der gegebenen Reihenfolge) hat dann folgende Abbildungsgleichung:

$$\begin{aligned}\vec{x}' &= \begin{pmatrix}-\frac{3}{5} & \frac{4}{5}\\\frac{4}{5} & \frac{3}{5}\end{pmatrix}\left[\begin{pmatrix}1 & 0\\0 & -1\end{pmatrix}\vec{x} + \begin{pmatrix}0\\-2\end{pmatrix}\right] + \begin{pmatrix}\frac{4}{5}\\-\frac{2}{5}\end{pmatrix}\\ &= \begin{pmatrix}-\frac{3}{5} & \frac{4}{5}\\\frac{4}{5} & \frac{3}{5}\end{pmatrix}\begin{pmatrix}1 & 0\\0 & -1\end{pmatrix}\vec{x} + \begin{pmatrix}-\frac{3}{5} & \frac{4}{5}\\\frac{4}{5} & \frac{3}{5}\end{pmatrix}\begin{pmatrix}0\\-2\end{pmatrix} + \begin{pmatrix}\frac{4}{5}\\-\frac{2}{5}\end{pmatrix}\\ &= \begin{pmatrix}-\frac{3}{5} & -\frac{4}{5}\\\frac{4}{5} & -\frac{3}{5}\end{pmatrix}\vec{x} + \begin{pmatrix}-\frac{4}{5}\\-\frac{8}{5}\end{pmatrix}\end{aligned}$$

Die **Verkettung** ist eine Drehung um den Punkt $(0|-1)$ (Abb. 107), denn dieser Punkt ist (der einzige) Fixpunkt dieser Abbildung (vgl. 6.2).

Das Matrizenprodukt AB ist nur definiert, wenn gilt:

Zeilenlänge (Spaltenzahl) von A

$=$ Spaltenlänge (Zeilenzahl) von B.

Sind A und B quadratische Matrizen, dann sind AB und BA definiert, aber im allgemeinen voneinander verschieden. Dies wird durch das Beispiel in Abb. 108 belegt.

Die Matrizenmultiplikation ist *assoziativ,* d.h. es gilt

$$(AB)C = A(BC),$$

falls die Produkte AB und BC definiert sind. Dies folgt daraus, daß das Verketten von Abbildungen eine assoziative Operation ist.

Die Matrizen von gleichem Typ (also gleicher Zeilenzahl m und gleicher Spaltenzahl n) bilden einen Vektorraum; Addition und Vervielfachung sind elementweise definiert. Sind B und C von gleichem Typ und ist das Produkt AB (und damit auch AC) definiert, so gilt das *Distributivgesetz*:

$$A(B+C) = AB + AC.$$

Bei der Multiplikation quadratischer Matrizen der Ordnung n (n Zeilen und n Spalten) ist die *Einheitsmatrix*

$$E = \begin{pmatrix} 1 & 0 & 0 & \dots & 0 \\ 0 & 1 & 0 & \dots & 0 \\ 0 & 0 & 1 & \dots & 0 \\ \vdots & \vdots & \vdots & \ddots & \vdots \\ 0 & 0 & 0 & \dots & 1 \end{pmatrix} \quad \text{(n Zeilen, n Spalten)}$$

neutrales Element, d.h. für alle quadratischen Matrizen der Ordnung n gilt

$$AE = EA = A.$$

Eine quadratische Matrix heißt *invertierbar,* wenn eine Matrix A^{-1} mit

$$A^{-1}A = AA^{-1} = E$$

existiert. Die Matrix A^{-1} heißt dann die zu A *inverse Matrix* (vgl. Abb. 109).

Vektoren aus $\mathbb{R}^n$ kann man als Matrizen mit n Zeilen und einer Spalte auffassen. Ist $\vec{x} \in \mathbb{R}^n$ und A

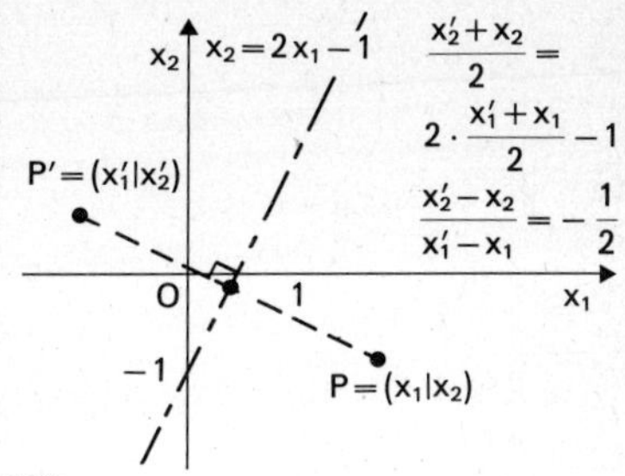

106

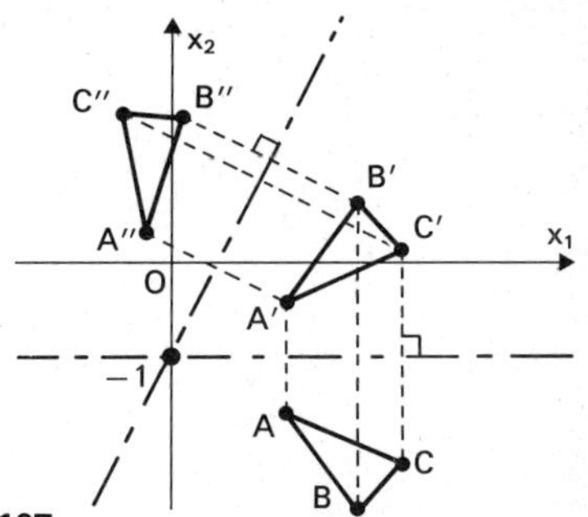

107

$$\begin{array}{c|c} & \begin{pmatrix} 1 & 2 \\ 3 & 4 \end{pmatrix} \\ \hline \begin{pmatrix} 5 & 6 \\ 7 & 8 \end{pmatrix} & \begin{pmatrix} 23 & 34 \\ 31 & 46 \end{pmatrix} \end{array}$$

$$\begin{array}{c|c} & \begin{pmatrix} 5 & 6 \\ 7 & 8 \end{pmatrix} \\ \hline \begin{pmatrix} 1 & 2 \\ 3 & 4 \end{pmatrix} & \begin{pmatrix} 19 & 22 \\ 43 & 50 \end{pmatrix} \end{array}$$

108

Die Matrix $\begin{pmatrix} 2 & 4 \\ 1 & 2 \end{pmatrix}$ ist nicht invertierbar, denn der Ansatz

$$\begin{pmatrix} 2 & 4 \\ 1 & 2 \end{pmatrix} \begin{pmatrix} x & y \\ z & w \end{pmatrix} = \begin{pmatrix} 1 & 0 \\ 0 & 1 \end{pmatrix}$$

führt auf das Gleichungssystem

$$\begin{aligned} 2x + 4z &= 1 \\ 2y + 4w &= 0 \\ x + 2z &= 0 \\ y + 2w &= 1, \end{aligned}$$

welches keine Lösung besitzt.

109

eine quadratische Matrix der Ordnung n, dann ist das Matrizenprodukt $A\vec{x}$ ein Vektor aus $\mathbb{R}^n$.
Eine quadratische Matrix der Ordnung n ist genau dann invertierbar, wenn das lineare Gleichungssystem $A\vec{x}=\vec{b}$ *für jedes* $\vec{b}\in\mathbb{R}^n$ *eindeutig* lösbar ist. Es gilt dann

$$A\vec{x}=\vec{b} \Leftrightarrow \vec{x}=A^{-1}\vec{b}.$$

Dies kann man folgendermaßen einsehen:

(a) Ist $A\vec{x}=\vec{b}$ für jedes $\vec{b}\in\mathbb{R}^n$ lösbar, so insbesondere für die natürlichen Basisvektoren $\vec{e}_1, \vec{e}_2, \ldots, \vec{e}_n$ des $\mathbb{R}^n$. Es gibt also Vektoren $\vec{x}_1, \vec{x}_2, \ldots, \vec{x}_n \in \mathbb{R}^n$ mit

$$A\vec{x}_1=\vec{e}_1,\ A\vec{x}_2=\vec{e}_2,\ \ldots,\ A\vec{x}_n=\vec{e}_n.$$

Diese Vektoren $\vec{x}_1, \vec{x}_2, \ldots, \vec{x}_n$ bilden offensichtlich die Spalten von A^{-1}.

(b) Ist A invertierbar, gibt es also eine Matrix A^{-1} mit $A^{-1}A=E$, dann gilt für jedes $\vec{b}\in\mathbb{R}^n$

$$AA^{-1}\vec{b}=E\vec{b}=\vec{b},$$

also ist $A^{-1}\vec{b}$ eine Lösung von $A\vec{x}=\vec{b}$. Eine weitere Lösung existiert nicht, denn aus $A\vec{x}=A\vec{y}$ folgt

$$A^{-1}A\vec{x}=A^{-1}A\vec{y}, \quad \text{also} \quad \vec{x}=\vec{y}.$$

$$A=\begin{pmatrix}2 & 1\\ 1 & 2\end{pmatrix}$$

$$\begin{pmatrix}2 & 1\\ 1 & 3\end{pmatrix}\begin{pmatrix}u_{11} & u_{12}\\ u_{21} & u_{22}\end{pmatrix}=\begin{pmatrix}1 & 0\\ 0 & 1\end{pmatrix}$$

$$\Downarrow$$

$2u_{11}+u_{21}=1$ $u_{11}+3u_{21}=0$	$2u_{12}+u_{22}=0$ $u_{12}+3u_{22}=1$
$\Downarrow$	$\Downarrow$
$u_{11}=\frac{3}{5}$ $u_{21}=-\frac{1}{5}$	$u_{12}=-\frac{1}{5}$ $u_{22}=\frac{2}{5}$

$$\Downarrow$$

$$A^{-1}=\frac{1}{5}\begin{pmatrix}3 & -1\\ -1 & 2\end{pmatrix}$$

110

Beispiel: Die zu $A=\begin{pmatrix}2 & 1\\ 1 & 3\end{pmatrix}$ inverse Matrix ist in Abb. 110 ausgerechnet. Das Gleichungssystem

$$\begin{aligned} 2x+\ y&=5\\ x+3y&=2 \end{aligned}$$

hat damit die Lösung

$$\begin{pmatrix}x\\ y\end{pmatrix}=\frac{1}{5}\begin{pmatrix}3 & -1\\ -1 & 2\end{pmatrix}\begin{pmatrix}5\\ 2\end{pmatrix}=\frac{1}{5}\begin{pmatrix}13\\ 1\end{pmatrix}.$$

Dieses Beispiel zeigt, daß die formale Auflösung von $A\vec{x}=\vec{b}$ in der Form $\vec{x}=A^{-1}\vec{b}$ keine rechnerischen Vorteile bietet, da die Berechnung der Inversen einer quadratischen Matrix der Ordnung n die Lösung von n Gleichungssystemen mit n Variablen erfordert.
Spiegelt man eine Matrix A an der „Hauptdiagonalen", dann erhält man die *transponierte Matrix*

A^T. In Abb. 111 sind Beispiele hierzu dargestellt. Für das Transponieren eines Matrizenprodukts gilt

$$(AB)^T = B^T A^T,$$

wie man aus der Definition der Matrizenmultiplikation herleiten kann (vgl. Beispiel in Abb. 112).
Eine quadratische Matrix A heißt *orthogonal,* wenn $A^T A = E$, wenn also $A^{-1} = A^T$. Die Spalten von A sind dann zueinander orthogonale Einheitsvektoren. Aus $A^T A = E$ folgt durch Transponieren $AA^T = E$, also sind auch die Zeilen einer orthogonalen Matrix zueinander orthogonale Einheitsvektoren.
Orthogonale Matrizen dienen zur Beschreibung von Kongruenzabbildungen (vgl. 6.2). Der Gleichungskette

$$\|A\vec{x}\|^2 = (A\vec{x})^T A\vec{x} = \vec{x}^T A^T A\vec{x} = \vec{x}^T E\vec{x} = \vec{x}^T\vec{x} = \|\vec{x}\|^2$$

entnimmt man nämlich, daß durch orthogonale Matrizen definierte Abbildungen Normen von Vektoren unverändert lassen.
Das Skalarprodukt zweier Vektoren $\vec{x}, \vec{y} \in \mathbb{R}^n$ kann man als Matrizenprodukt schreiben:

$$\vec{x} \cdot \vec{y} = \vec{x}^T \vec{y}.$$

Ist A eine quadratische Matrix der Ordnung n, dann heißt der Term

$$\vec{x}^T A \vec{x} \quad (\vec{x} \in \mathbb{R}^n)$$

eine *quadratische Form.* Für $n = 2$ hat eine quadratische Form die Gestalt

$$(x_1 \ x_2) \begin{pmatrix} a_{11} & a_{12} \\ a_{21} & a_{22} \end{pmatrix} \begin{pmatrix} x_1 \\ x_2 \end{pmatrix}$$
$$= a_{11} x_1^2 + (a_{12} + a_{21}) x_1 x_2 + a_{22} x_2^2.$$

Quadratische Formen treten bei der Beschreibung von Kurven zweiter Ordnung (vgl. 7.3) und von **Flächen zweiter Ordnung** auf.

$$(1 \ 2 \ 3)^T = \begin{pmatrix} 1 \\ 2 \\ 3 \end{pmatrix}$$

$$\begin{pmatrix} 1 & 2 & 3 \\ 4 & 5 & 6 \end{pmatrix}^T = \begin{pmatrix} 1 & 4 \\ 2 & 5 \\ 3 & 6 \end{pmatrix}$$

$$\begin{pmatrix} 1 & 2 & 3 \\ 4 & 5 & 6 \\ 7 & 8 & 9 \end{pmatrix}^T = \begin{pmatrix} 1 & 4 & 7 \\ 2 & 5 & 8 \\ 3 & 6 & 9 \end{pmatrix}$$

$$\begin{pmatrix} 1 & 2 \\ 4 & 5 \\ 7 & 8 \end{pmatrix}^T = \begin{pmatrix} 1 & 4 & 7 \\ 2 & 5 & 8 \end{pmatrix}$$

$$\begin{pmatrix} 1 \\ 4 \\ 7 \end{pmatrix}^T = (1 \ 4 \ 7)$$

111

$$\left(\begin{pmatrix} 1 & 2 & 3 \\ 4 & 5 & 6 \end{pmatrix} \begin{pmatrix} 7 \\ 8 \\ 9 \end{pmatrix}\right)^T$$
$$= \begin{pmatrix} 50 \\ 122 \end{pmatrix}^T = (50 \ 122)$$

$$\begin{pmatrix} 7 \\ 8 \\ 9 \end{pmatrix}^T \begin{pmatrix} 1 & 2 & 3 \\ 4 & 5 & 6 \end{pmatrix}^T$$
$$= (7 \ 8 \ 9) \begin{pmatrix} 1 & 4 \\ 2 & 5 \\ 3 & 6 \end{pmatrix} = (50 \ 122)$$

112

7 Kurven zweiter Ordnung

7.1 Ellipsen, Parabeln und Hyperbeln

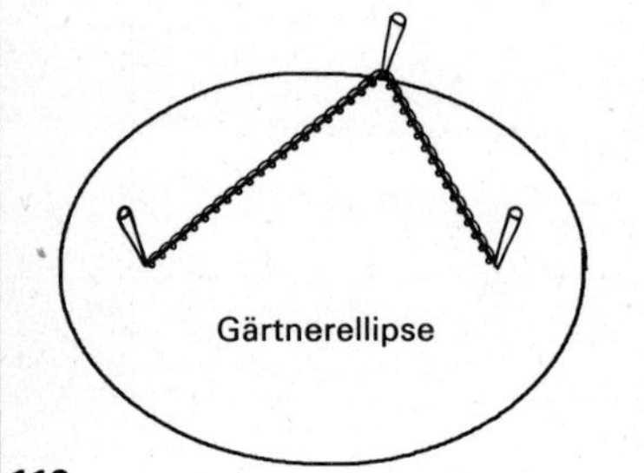

113

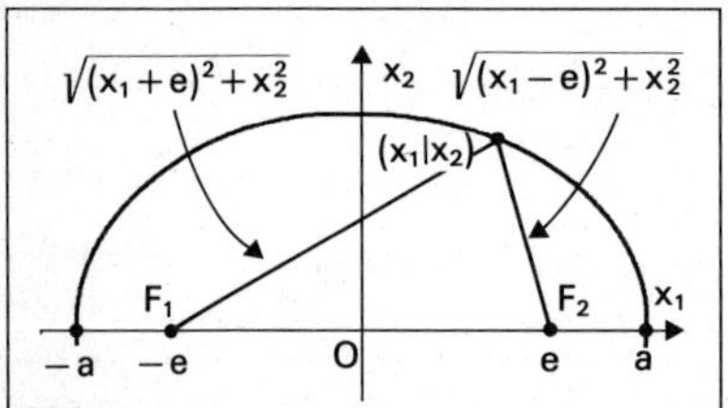

114

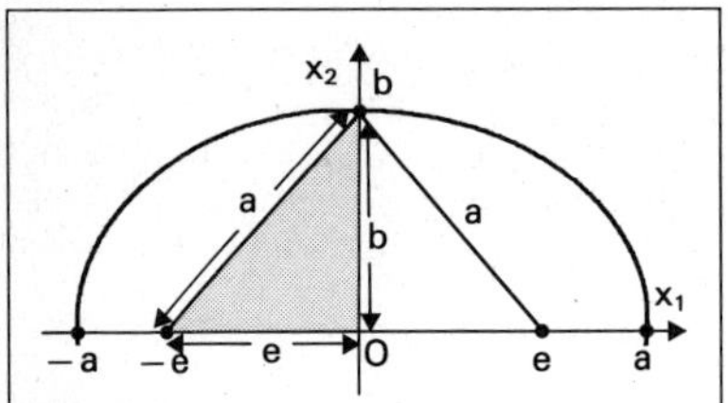

115

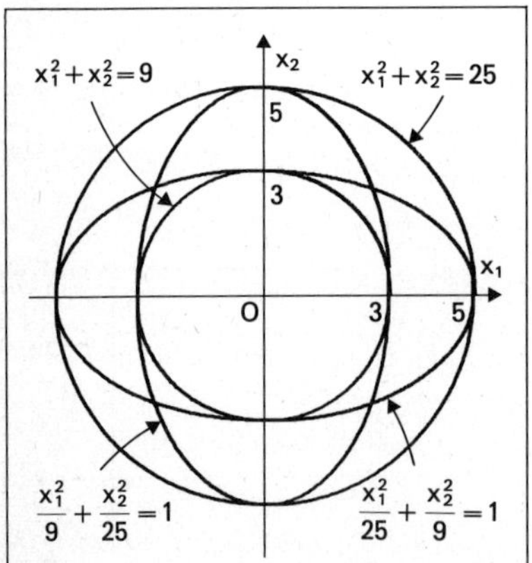

116

Es seien zwei feste Punkte F_1 und F_2 und eine Länge a mit $2a > \overline{F_1F_2}$ gegeben. Die Punkte P, deren Abstandssumme von F_1 und F_2 gleich 2a ist, bilden eine *Ellipse* (Abb. 113). Für

$$F_1 = (-e|0) \quad \text{und} \quad F_2 = (e|0)$$

ergibt sich aus dem Ansatz

$$\sqrt{(x_1+e)^2+x_2^2}+\sqrt{(x_1-e)^2+x_2^2}=2a$$

(vgl. Abb. 114) die Ellipsengleichung:

$$\sqrt{(x_1+e)^2+x_2^2}=2a-\sqrt{(x_1-e)^2+x_2^2}$$

$$a\sqrt{(x_1-e)^2+x_2^2}=a^2-ex_1$$

$$(a^2-e^2)\,x_1^2+a^2x_2^2=a^2(a^2-e^2)$$

$$\frac{x_1^2}{a^2}+\frac{x_2^2}{a^2-e^2}=1.$$

Mit $b^2=a^2-e^2$ (vgl. Abb. 115) ergibt sich die Ellipsengleichung in der Form

$$\frac{x_1^2}{a^2}+\frac{x_2^2}{b^2}=1.$$

Die Punkte F_1 und F_2 heißen die *Brennpunkte,* die Zahlen a und b die *Halbachsenlängen* der Ellipse. Ist $a=b$, so ist die Ellipse ein Kreis mit dem Radius a (vgl. Abb. 116). Ist der Mittelpunkt der Ellipse nicht der Ursprung, sondern der Punkt $(m_1|m_2)$, dann hat sie eine Gleichung der Form

$$\frac{(x_1-m_1)^2}{a^2}+\frac{(x_2-m_2)^2}{b^2}=1$$

(vgl. Abb. 117).

Die Gleichung der **Tangente** an die Ellipse in Abb. 118 im Punkt $(b_1|b_2)$ lautet

$$\frac{x_1b_1}{a^2}+\frac{x_2b_2}{b^2}=1.$$

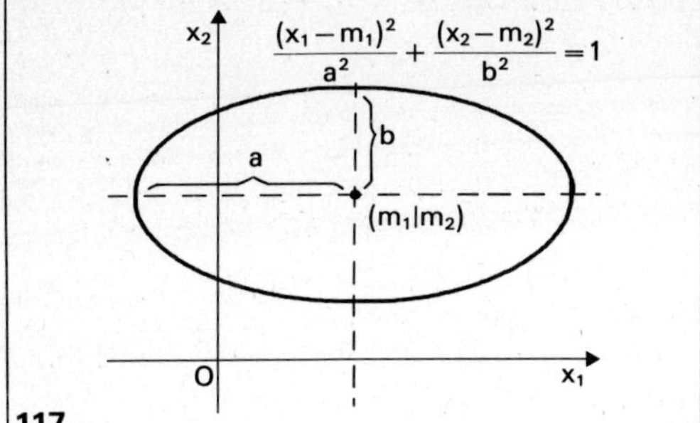

117

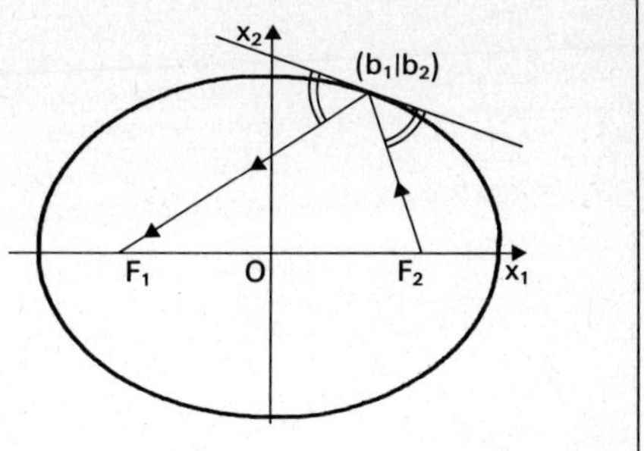

118

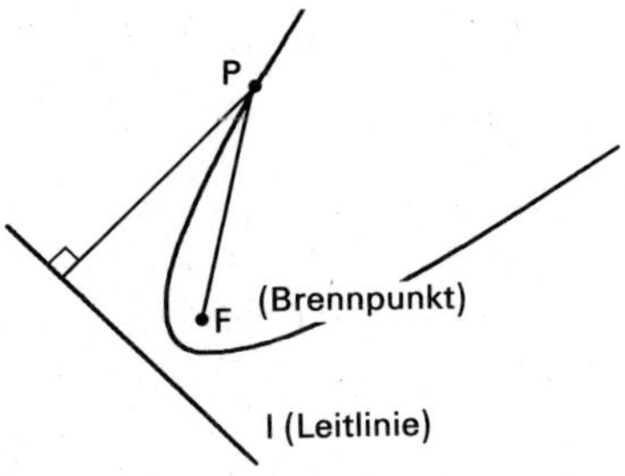

119

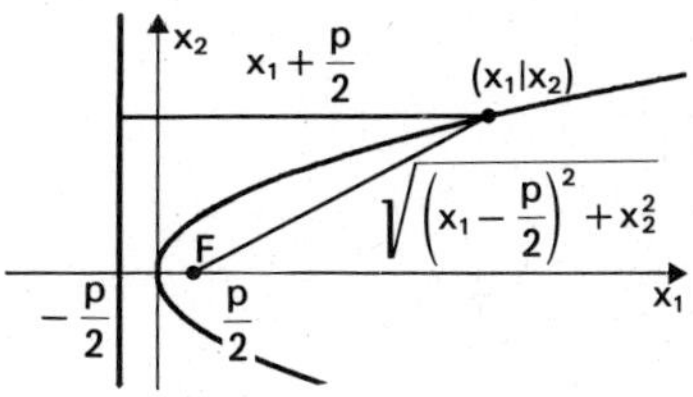

120

Damit kann man die folgende **Brennpunkteigenschaft** der Ellipse nachrechnen: Geht von einem Brennpunkt ein Lichtstrahl aus, dann geht der an der Ellipse reflektierte Strahl durch den anderen Brennpunkt.

Es seien ein fester Punkt F und eine feste Gerade l mit $F \notin l$ gegeben. Die Punkte P, deren Abstände von F und l gleich sind, bilden eine *Parabel* (vgl. Abb. 119). Ist $F=\left(\frac{p}{2}\middle|0\right)$ und hat l die Gleichung $x_1=-\frac{p}{2}$, dann ergibt sich aus dem Ansatz

$$\sqrt{\left(x_1-\frac{p}{2}\right)^2+x_2^2}=x_1+\frac{p}{2}$$

(vgl. Abb. 120) durch Quadrieren die Parabelgleichung

$$x_2^2=2px_1$$

(vgl. Abb. 121). Der Punkt F heißt der *Brennpunkt*, die Gerade l die *Leitlinie* und die Zahl p (= Abstand von F zu l) der *Parameter* der Parabel. Wählt

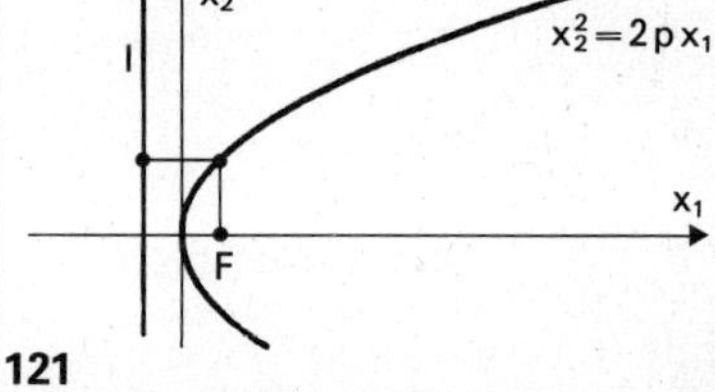

121

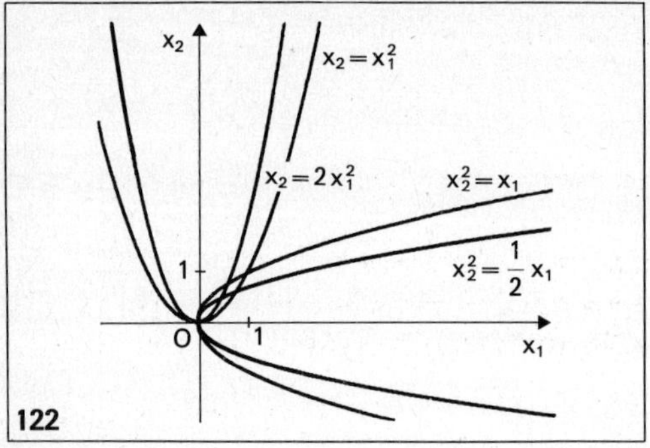

122

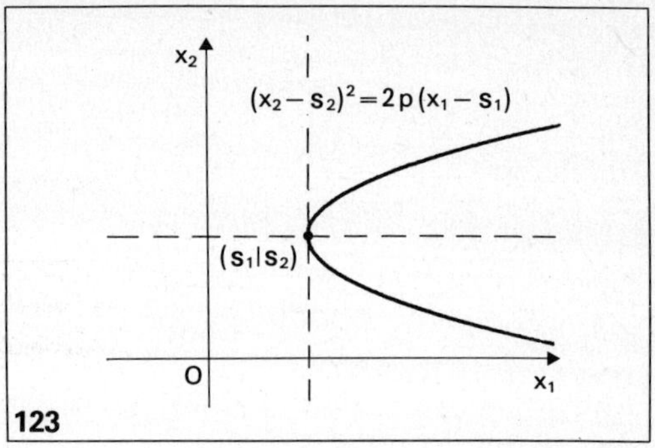

123

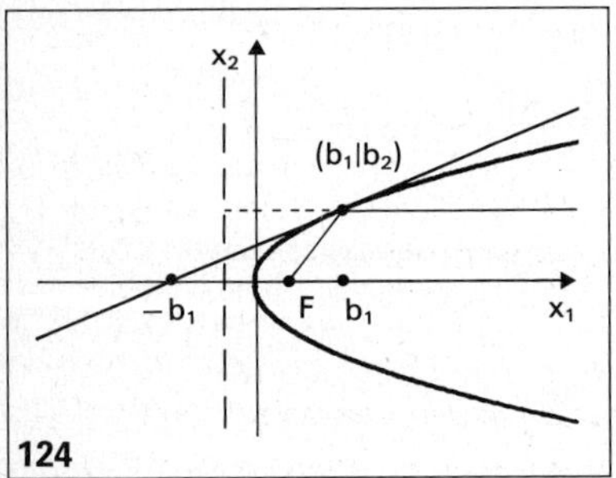

124

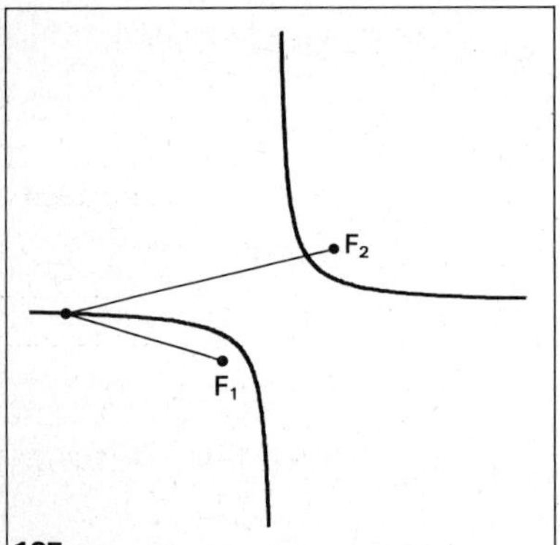

125

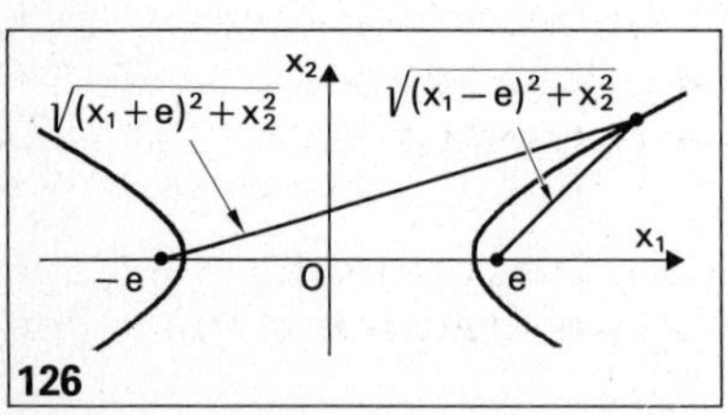

126

man $F=\left(0\middle|\frac{p}{2}\right)$ und für l die Gerade mit der Gleichung $x_2=-\frac{p}{2}$, so erhält man die Parabelgleichung $x_1^2=2px_2$ bzw. $x_2=\frac{1}{2p}\cdot x_1^2$ (vgl. Abb. 122).
Ist der Scheitel der Parabel nicht der Ursprung, sondern der Punkt $(s_1|s_2)$, dann hat die Parabelgleichung die Form

$$(x_2-s_2)^2=2p(x_1-s_1)$$

(vgl. Abb. 123).
Die Gleichung der **Tangente** an die Parabel in Abb. 124 im Punkt $(b_1|b_2)$ lautet

$$x_2b_2=p(x_1+b_1).$$

Damit kann man folgende **Brennpunkteigenschaft** der Parabel nachrechnen: Geht vom Brennpunkt ein Lichtstrahl aus, so verläuft der an der Parabel reflektierte Strahl parallel zur Parabelachse. Fällt umgekehrt ein Lichtstrahl parallel zur Parabelachse ein, so geht der an der Parabel reflektierte Strahl durch den Brennpunkt.
Es seien zwei feste Punkte F_1 und F_2 und eine Länge a mit $2a<\overline{F_1F_2}$ gegeben. Die Punkte P, deren Abstandsdifferenz von F_1 und F_2 gleich 2a ist, bilden eine *Hyperbel* (Abb. 125). Für

$$F_1=(-e|0) \quad \text{und} \quad F_2=(e|0)$$

ergibt sich aus dem Ansatz

$$\sqrt{(x_1+e)^2+x_2^2}-\sqrt{(x_1-e)^2+x_2^2}=2a$$

(vgl. Abb. 126) durch zweimaliges Quadrieren, ähnlich wie bei der Ellipse, die Hyperbelgleichung

$$\frac{x_1^2}{a^2} - \frac{x_2^2}{b^2} = 1$$

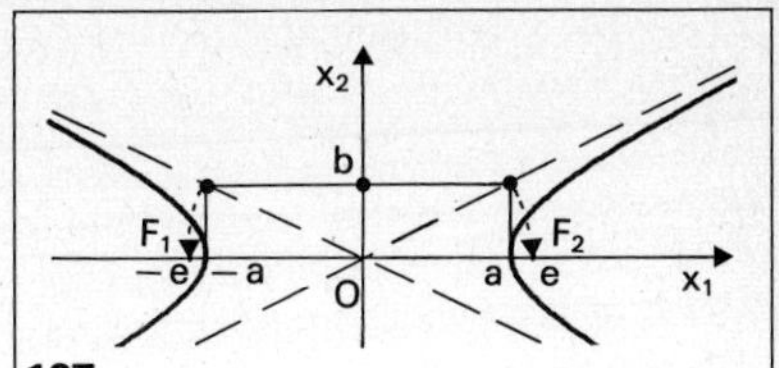

127

mit $b^2 = e^2 - a^2$ (vgl. Abb. 127 u. 128). Die Punkte F_1 und F_2 heißen die *Brennpunkte*, die Zahlen a und b die *Halbachsenlängen* der Hyperbel. Die beiden Geraden mit den Gleichungen $x_2 = \frac{b}{a} x_1$ und $x_2 = -\frac{b}{a} x_1$ sind Asymptoten der Hyperbel. Ist der „Mittelpunkt" der Hyperbel nicht der Ursprung, sondern der Punkt $(m_1|m_2)$, dann hat sie eine Gleichung der Form

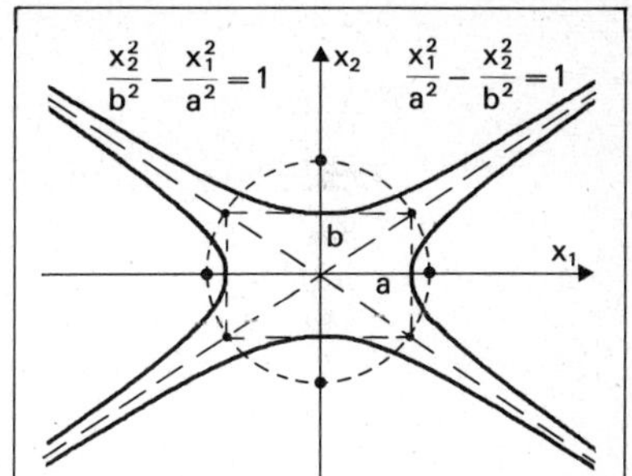

128

$$\frac{(x_1 - m_1)^2}{a^2} - \frac{(x_2 - m_2)^2}{b^2} = 1$$

(vgl. Abb. 129).

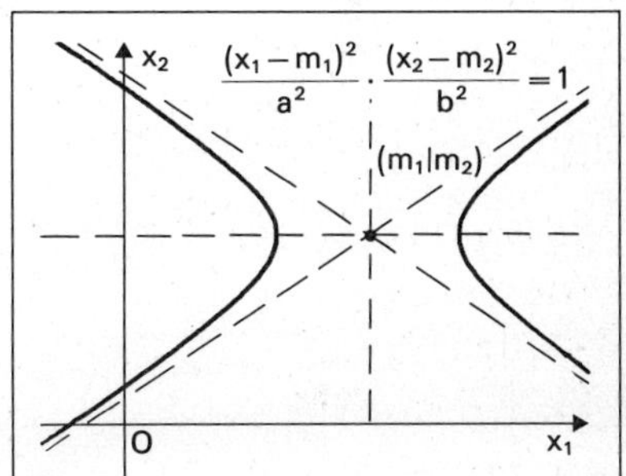

129

Wenn die Asymptoten orthogonal zueinander stehen $(a = b = k)$, dann ergibt sich nach Drehung der Hyperbel mit der Gleichung

$$\frac{x_1^2}{k^2} - \frac{x_2^2}{k^2} = 1$$

um 45°, also bei der Abbildung

$$x_1' = \frac{1}{\sqrt{2}} (x_1 - x_2)$$

$$x_2' = \frac{1}{\sqrt{2}} (x_1 + x_2),$$

die Hyperbel mit der Gleichung

$$x_1' \cdot x_2' = \frac{1}{2} (x_1^2 - x_2^2) = \frac{1}{2} k^2$$

oder

$$x_2' = \frac{c}{x_1'} \quad \text{mit} \quad c = \frac{1}{2} k^2.$$

Dies ist die in der Analysis geläufige Form der Hyperbelgleichung.

Die Gleichung der **Tangente** an die Hyperbel in Abb. 130 im Punkt $(b_1|b_2)$ lautet

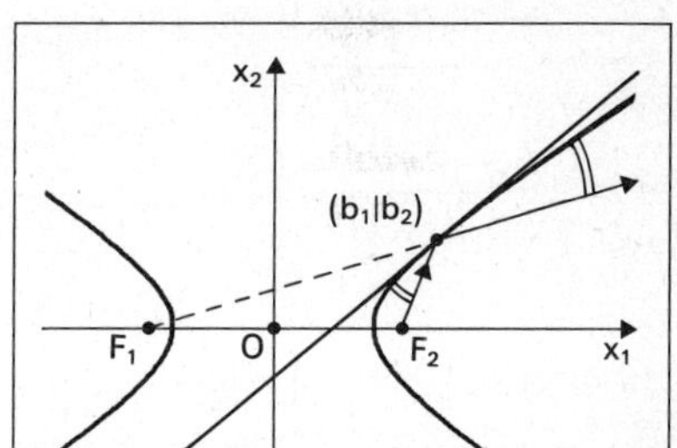

130

$$\frac{x_1 b_1}{a^2} - \frac{x_2 b_2}{b^2} = 1.$$

Damit kann man die folgende **Brennpunkteigenschaft** der Hyperbel nachrechnen: Geht von einem Brennpunkt ein Lichtstrahl aus, dann verläuft der an der Hyperbel reflektierte Strahl so, als ginge er von dem anderen Brennpunkt aus.

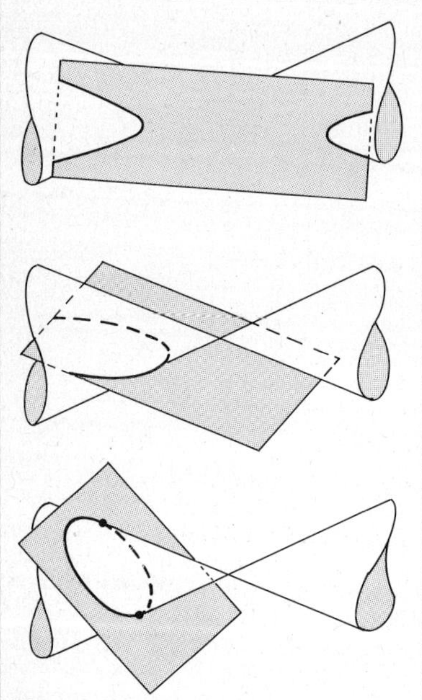

131

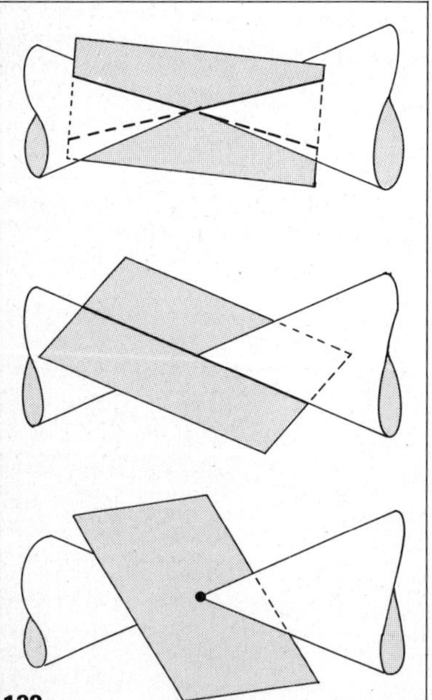

132

7.2 Kegelschnitte

Schneidet man einen doppelten Kreiskegel mit einer Ebene, dann entstehen verschiedenartige Schnittkurven (Abb. 131). Wir wollen zeigen, daß dies i. allg. Hyperbeln, Parabeln oder Ellipsen sind. Führt die Schnittebene durch die Kegelspitze, dann ergibt sich ein Geradenpaar, eine Gerade oder ein Punkt als Schnittfigur (Abb. 132). Eine analytische Beschreibung der möglichen Schnittkurven erhält man am einfachsten, wenn man als Schnittebene die $x_1 x_2$-Ebene eines räumlichen Koordinatensystems wählt. Wir betrachten dabei nur den Fall, daß die Schnittebene nicht durch die Kegelspitze geht (Abb. 131). Zur Vereinfachung der Rechnung wählen wir die Kegelspitze auf der x_3-Achse und die Kegelachse in der $x_2 x_3$-Ebene. Ist dann φ der halbe Öffnungswinkel des Kegels $(0° < \varphi < 90°)$ und $\vec{b} = \begin{pmatrix} 0 \\ b_2 \\ b_3 \end{pmatrix}$ ein Richtungsvektor der Kegelachse, ferner $\vec{s} = \begin{pmatrix} 0 \\ 0 \\ a \end{pmatrix}$ mit $a \neq 0$ der Ortsvektor der Kegelspitze, dann lautet die Gleichung der Kegelfläche (vgl. Abb. 133)

$$\frac{(\vec{x} - \vec{s}) \cdot \vec{b}}{\|\vec{x} - \vec{s}\| \cdot \|\vec{b}\|} = \cos \varphi .$$

Dies kann man umformen zu

$$((\vec{x} - \vec{s}) \cdot \vec{b})^2 = \|\vec{x} - \vec{s}\|^2 \|\vec{b}\|^2 \cos^2 \varphi .$$

Setzt man hier die Gleichung der Schnittebene

$$\vec{x} = x_1 \begin{pmatrix} 1 \\ 0 \\ 0 \end{pmatrix} + x_2 \begin{pmatrix} 0 \\ 1 \\ 0 \end{pmatrix}$$

ein, dann ergibt sich nach einigen Umformungen

$$c^2 x_1^2 + (c^2 - b_2^2) x_2^2 + 2 b_2 b_3 a x_2 + (c^2 - b_3^2) a^2 = 0$$

mit

$$c^2 := (b_2^2 + b_3^2) \cos^2 \varphi .$$

Wir wählen nun für a und φ feste Werte und untersuchen diese Gleichung für verschiedene Werte von b_2 und b_3. Es sei $a = 6$ und $\varphi = 30°$; wegen $\cos 30° = \frac{1}{2}\sqrt{3}$ ergibt sich $c^2 = \frac{3}{4}(b_2^2 + b_3^2)$.

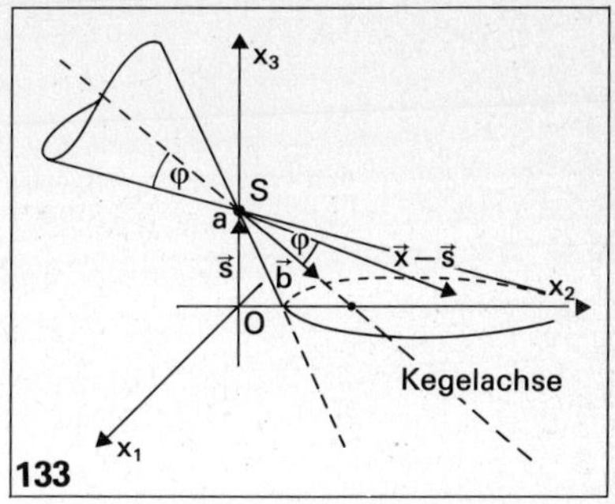

133

Beispiel 1: $b_2 = 0$, $b_3 = 1$ (Abb. 134).
Es ist $c^2 = \frac{3}{4}$. Die Gleichung hat die Gestalt

$$\frac{3}{4} x_1^2 + \frac{3}{4} x_2^2 + \left(-\frac{1}{4}\right) \cdot 36 = 0,$$

also

$$x_1^2 + x_2^2 = 12.$$

Die Kegelschnittskurve ist ein *Kreis* in der $x_1 x_2$-Ebene mit dem Mittelpunkt (0|0) und dem Radius $\sqrt{12}$.

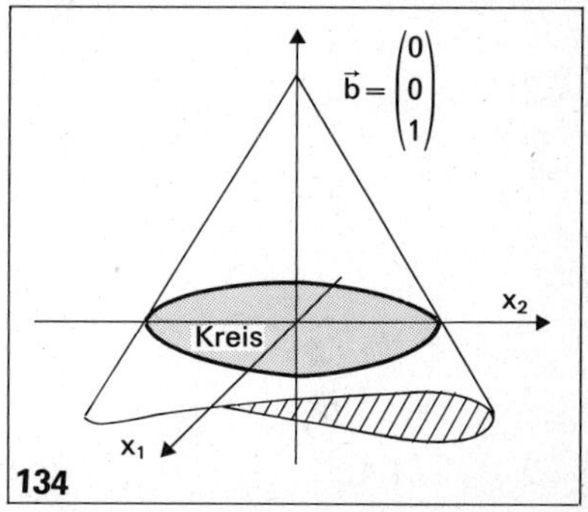

134

Beispiel 2: $b_2 = b_3 = 1$ (Abb. 135).
Dann ist $c^2 = \frac{3}{2}$. Die Gleichung hat die Gestalt

$$\frac{3}{2} x_1^2 + \frac{1}{2} x_2^2 + 12 x_2 + \frac{1}{2} \cdot 36 = 0,$$

also

$$\frac{x_1^2}{36} + \frac{(x_2 + 12)^2}{108} = 1.$$

Die Kegelschnittskurve ist eine *Ellipse* in der $x_1 x_2$-Ebene mit dem Mittelpunkt (0|−12) und Halbachsen der Längen 6 und $6\sqrt{3}$.

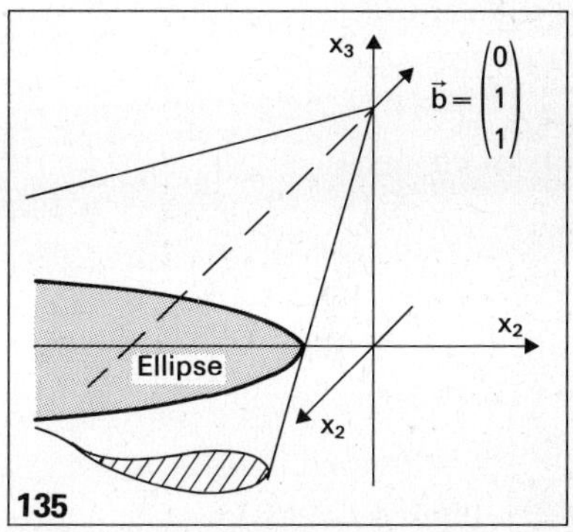

135

Beispiel 3: $b_2 = 1$, $b_3 = 0$ (Abb. 136).
Dann ist $c^2 = \frac{3}{4}$. Die Gleichung hat die Gestalt

$$\frac{3}{4} x_1^2 + \left(-\frac{1}{4}\right) x_2^2 + 12 x_2 + \frac{3}{4} \cdot 36 = 0,$$

also

$$-\frac{x_1^2}{228} + \frac{(x_2 - 24)^2}{684} = 1.$$

Die Kegelschnittskurve ist eine *Hyperbel*.

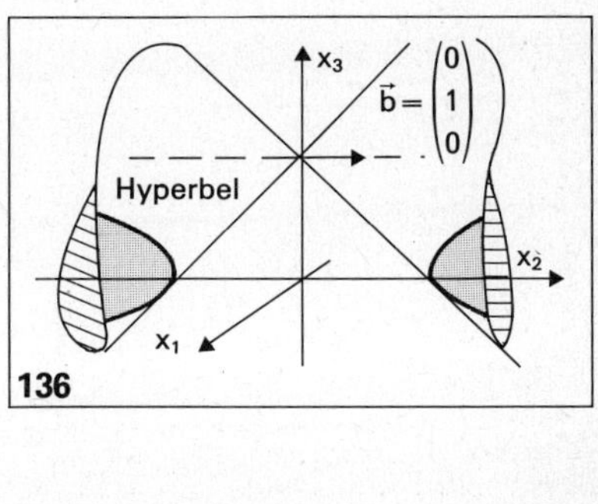

136

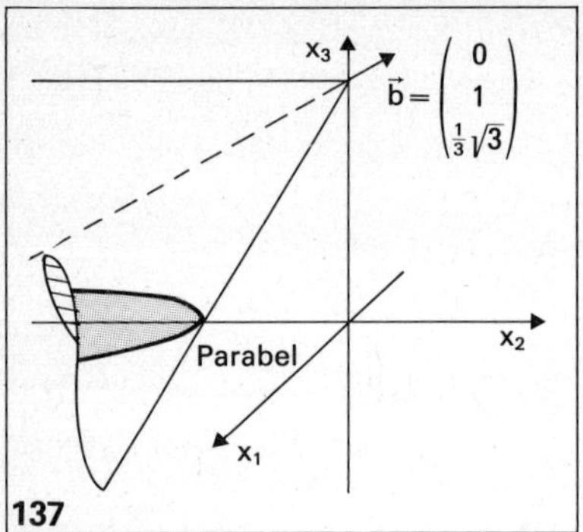

137

Beispiel 4: $b_2=1$, $b_3=\frac{1}{3}\sqrt{3}$ (Abb. 137).
Es ist $c^2=1$. Die Gleichung hat die Gestalt

$$x_1^2+24\sqrt{3}\,x_2+24=0.$$

Die Kegelschnittskurve ist eine *Parabel* mit dem Scheitel $\left(0\,|-\frac{1}{\sqrt{3}}\right)$.

Ellipsen, Parabeln und Hyperbeln sind also verwandt miteinander, da sie alle als Schnittkurven eines Kegels mit einer Ebene entstehen. Kegelschnittskurven treten als **Bahnkurven** von Himmelskörpern in Gravitationsfeldern auf. So bewegt sich z. B. die Erde auf einer Ellipse um die Sonne, wobei sich die Sonne in einem Brennpunkt der Ellipse befindet.

7.3 Hauptachsentransformation

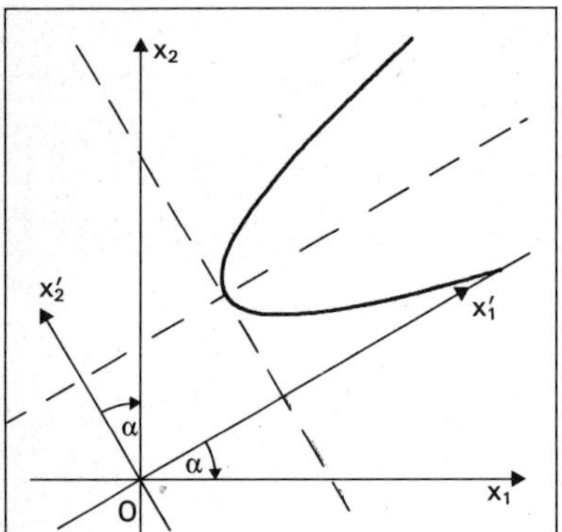

138

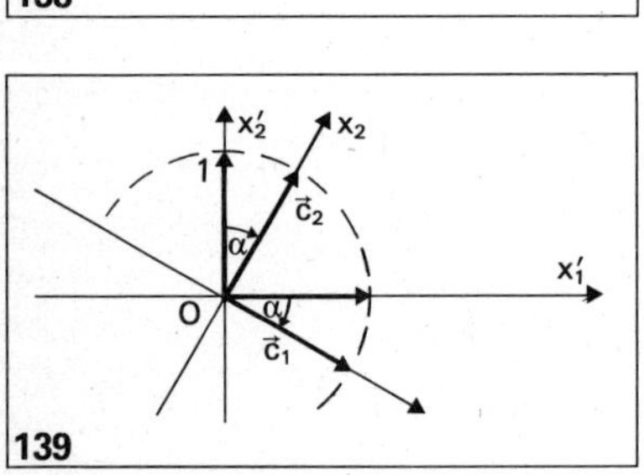

139

Eine Kurve zweiter Ordnung hat im allgemeinen eine Gleichung der Form

$$a_{11}x_1^2+2a_{12}x_1x_2+a_{22}x_2^2+a_1x_1+a_2x_2+a_0=0.$$

Durch Drehen des Koordinatensystems (also Einführung neuer Koordinaten x_1', x_2') kann man erreichen, daß das „gemischte Glied" (der zweite Summand) verschwindet. Dann kann man die Art des Kegelschnitts leicht erkennen: Die Koordinatentransformation sei gegeben durch

$$x_1=c_{11}x_1'+c_{12}x_2'$$
$$x_2=c_{21}x_1'+c_{22}x_2'$$

bzw. in Matrizenschreibweise

$$\vec{x}=C\vec{x}',$$

wobei C als Matrix einer Drehung orthogonal ist (vgl. 6.3). Für die Spaltenvektoren $\vec{c}_1$, $\vec{c}_2$ von C muß also

$$\vec{c}_1\cdot\vec{c}_2=0 \quad \text{und} \quad \|\vec{c}_1\|=\|\vec{c}_2\|=1$$

gelten. Aus dem Term

$$a_{11}x_1^2+2a_{12}x_1x_2+a_{22}x_2^2=\vec{x}^{\mathrm{T}}A\vec{x}$$

mit $A=\begin{pmatrix} a_{11} & a_{12} \\ a_{12} & a_{22} \end{pmatrix}$ wird dann

$$(C\vec{x}')^T A (C\vec{x}') = \vec{x}'^T (C^T A C) \vec{x}'.$$

Es soll nun C so bestimmt werden, daß $C^T A C$ Diagonalform hat (dann nämlich verschwindet das „gemischte Glied"). Wegen $C^T C = E$, also $C^{-1} = C^T$, ist die Forderung

$$C^T A C = \begin{pmatrix} \lambda_1 & 0 \\ 0 & \lambda_2 \end{pmatrix}$$

gleichbedeutend mit

$$A C = C \begin{pmatrix} \lambda_1 & 0 \\ 0 & \lambda_2 \end{pmatrix}.$$

Dies bedeutet für die Spaltenvektoren $\vec{c}_1$, $\vec{c}_2$ von C

$$A\vec{c}_1 = \lambda_1 \vec{c}_1,$$

$$A\vec{c}_2 = \lambda_2 \vec{c}_2.$$

Soll nun für eine Zahl λ und einen Vektor $\vec{c}$ die Gleichung $A\vec{c} = \lambda\vec{c}$ bzw. $(A - \lambda E)\vec{c} = \vec{o}$ gelten und soll $\vec{c}$ nicht der Nullvektor sein, dann muß die Determinante von $A - \lambda E$ verschwinden. Aus der quadratischen Gleichung $|A - \lambda E| = 0$ berechnet man die **Eigenwerte** λ_1, λ_2 von A und damit die Eigenvektoren $\vec{c}_1$ und $\vec{c}_2$. Ist $\lambda_1 \neq \lambda_2$, so erweist sich die Kegelschnittskurve als eine

Ellipse, Parabel oder Hyperbel,

je nachdem, ob

$$\lambda_1\lambda_2 > 0, \quad \lambda_1\lambda_2 = 0 \quad \text{oder} \quad \lambda_1\lambda_2 < 0.$$

Im Fall $\lambda_1\lambda_2 > 0$ kann jedoch die Ellipse „imaginär" sein, d. h. es kann die leere Menge durch die Gleichung dargestellt sein, wie das Beispiel

$$\lambda_1 x_1^2 + \lambda_2 x_2^2 + 1 = 0 \quad \text{mit} \quad \lambda_1, \lambda_2 > 0$$

zeigt.

Im Fall gleicher Eigenwerte ergibt sich die leere Menge, ein einziger Punkt, eine Gerade oder ein Kreis.

Die durch die Matrix C bewirkte Umformung der Kegelschnittsgleichung nennt man **Hauptachsentransformation.**

Beispiel: Wir betrachten die Gleichung

$$x_1^2+4x_1x_2+4x_2^2+3x_1+3x_2+1=0.$$

Die zugehörige Matrix ist $A=\begin{pmatrix}1&2\\2&4\end{pmatrix}$. Die Determinante von $A-\lambda E=\begin{pmatrix}1-\lambda&2\\2&4-\lambda\end{pmatrix}$ ist $\lambda^2-5\lambda$, die Eigenwerte von A sind also $\lambda_1=0$ und $\lambda_2=5$.

Der Eigenvektor $\vec{c}_1$ ist Lösung von $\begin{pmatrix}1&2\\2&4\end{pmatrix}\vec{c}=\vec{o}$ mit $\|\vec{c}\|=1$, also

$$\vec{c}_1=\frac{1}{\sqrt{5}}\begin{pmatrix}2\\-1\end{pmatrix}.$$

Der Eigenvektor $\vec{c}_2$ ist Lösung von $\begin{pmatrix}-4&2\\2&-1\end{pmatrix}\vec{c}=\vec{o}$ mit $\|\vec{c}\|=1$, also

$$\vec{c}_2=\frac{1}{\sqrt{5}}\begin{pmatrix}1\\2\end{pmatrix}.$$

Die Transformation der Ausgangsgleichung mit

$$\begin{pmatrix}x_1\\x_2\end{pmatrix}=\frac{1}{\sqrt{5}}\begin{pmatrix}2&1\\-1&2\end{pmatrix}\begin{pmatrix}x_1'\\x_2'\end{pmatrix}$$

liefert die Gleichung

$$5x_2'^2+\frac{3}{\sqrt{5}}x_1'+\frac{9}{\sqrt{5}}x_2'+1=0$$

bzw. nach einfachen Umformungen

$$\left(x_2'+\frac{9}{10\sqrt{5}}\right)^2+\frac{3}{5\sqrt{5}}\left(x_1'+\frac{19\sqrt{5}}{300}\right)=0.$$

Dies ist die Gleichung einer Parabel im $x_1'x_2'$-Koordinatensystem. Sie hat in diesem Koordinatensystem den Scheitel $\left(-\frac{19\sqrt{5}}{300}\middle|-\frac{9}{10\sqrt{5}}\right)$ $\approx(-0{,}14|-0{,}40)$, ist nach links geöffnet und hat den Parameter $\frac{3}{10\sqrt{5}}\approx 0{,}13$ (Abb. 140).

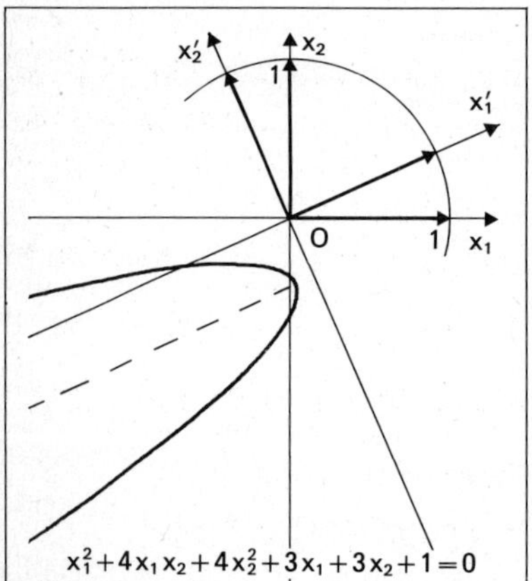

140

Glossar

Affine Abbildung

Eine Abbildung der Ebene auf sich, welche *bijektiv* (eineindeutig) und *geradentreu* ist, heißt eine (ebene) *affine Abbildung.* Zwei Figuren (Teilmengen der Ebene) heißen *affin* zueinander, wenn sie durch eine affine Abbildung ineinander übergeführt werden können. Je zwei Dreiecke sind affin zueinander. Eine affine Abbildung ist *parallelentreu,* d. h. ein Paar paralleler Geraden wird wieder in ein Paar paralleler Geraden abgebildet. Eine affine Abbildung ist *teilverhältnistreu,* d. h. teilt der Punkt P die Strecke AB im Verhältnis u:v, dann teilt auch der Bildpunkt P′ die Bildstrecke A′B′ im Verhältnis u:v.
Ist in der Ebene ein kartesisches Koordinatensystem gegeben, so kann man eine affine Abbildung durch Abbildungsgleichungen der Form

$$x_1' = a_{11}x_1 + a_{12}x_2 + a_1$$

$$x_2' = a_{21}x_1 + a_{22}x_2 + a_2$$

beschreiben, wobei die Matrix

$$A = \begin{pmatrix} a_{11} & a_{12} \\ a_{21} & a_{22} \end{pmatrix}$$

den *Rang* 2 hat, wobei also $a_{11}a_{22} - a_{12}a_{21} \neq 0$ sein muß (vgl. 6.2). Denn genau unter dieser Bedingung sind die Abbildungsgleichungen eindeutig nach x_1, x_2 auflösbar (vgl. 2.4).
Ist eine affine Abbildung auch winkeltreu, so ist sie eine *Ähnlichkeitsabbildung.* Für die Matrix A gilt dann $A = kB$, wobei B eine orthogonale Matrix und k eine von 0 verschiedene reelle Zahl ist (vgl. 6.2). Im Fall $|k| = 1$ liegt eine *Kongruenzabbildung* vor.
Affine Abbildungen im Raum werden analog erklärt.

Affine Ebene

Gegeben sei eine Menge $\mathfrak{P}$, deren Elemente als *Punkte* bezeichnet werden und eine Menge $\mathfrak{G}$, deren Elemente Teilmengen von $\mathfrak{P}$ sind. Die Elemente von $\mathfrak{G}$ heißen *Geraden.* Zwei Geraden heißen *parallel,* wenn sie entweder gleich sind oder keinen Punkt gemeinsam haben. Das Paar $(\mathfrak{P}, \mathfrak{G})$ heißt dann eine *affine Ebene,* wenn gilt:

(a) Zu je zwei Punkten $P_1, P_2 \in \mathfrak{P}$ gibt es genau eine Gerade $g \in \mathfrak{G}$ mit $P_1, P_2 \in g$.
(b) Jede Gerade enthält mindestens zwei Punkte.
(c) Es gibt drei Punkte, die nicht auf einer Geraden liegen.
(d) Zu jeder Geraden g und jedem Punkt $P \notin g$ gibt es genau eine Gerade h, die durch P verläuft ($P \in h$) und die g nicht schneidet ($g \cap h = \emptyset$) (Parallelenaxiom).

Die Punkte und Geraden der ebenen Geometrie erfüllen die Axiome (a) bis (d). Die Ebenen im Anschauungsraum sind daher affine Ebenen. Es gibt aber auch affine Ebenen mit nur endlich vielen Punkten.

Beispiel 1 (vgl. Abb. 141): Es sei

$$\mathfrak{P} = \{A, B, C, D\}$$

eine 4-elementige Menge, ferner

$$\mathfrak{G} = \{\{A, B\}, \{A, C\}, \{A, D\}, \{B, C\}, \{B, D\}, \{C, D\}\}.$$

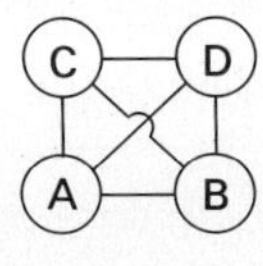

141

Dann ist $(\mathfrak{P}, \mathfrak{G})$ eine affine Ebene mit 4 Punkten und 6 Geraden. Jede Gerade besteht aus genau 2 Punkten. Beispielsweise ist $\{A, D\}$ die Parallele zu $\{B, C\}$ durch den Punkt D.

Beispiel 2 (vgl. Abb. 142): Es sei $\mathfrak{P}$ eine 9-elementige Menge,

$\mathfrak{P} = \{A, B, C, D, E, F, G, H, I\}$.

Die Geraden seien die 12 dreielementigen Teilmengen von $\mathfrak{P}$, die in Abb. 142 angedeutet sind. Dann ist $(\mathfrak{P}, \mathfrak{G})$ eine affine Ebene mit 9 Punkten.

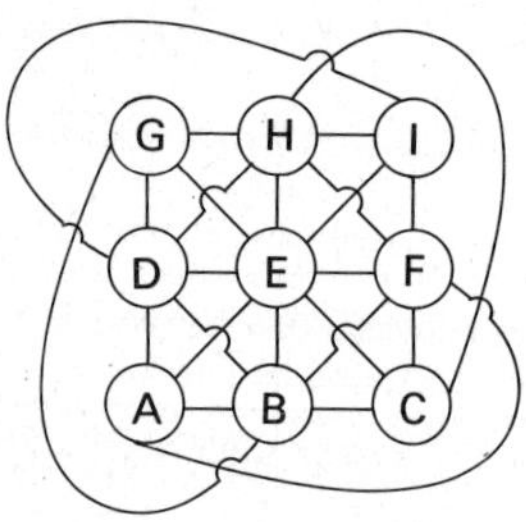

142

Affiner Raum

Gegeben sei ein n-dimensionaler $\mathbb{R}$-Vektorraum V. Eine Menge $\mathfrak{P}$, deren Elemente *Punkte* genannt werden, heißt *affiner Raum* über V, wenn es eine Abbildung

$\varphi: \mathfrak{P} \times \mathfrak{P} \to V$

gibt, welche folgende Eigenschaften besitzt (statt $\varphi((A, B))$ schreiben wir kürzer $\overrightarrow{AB}$):

(a) Zu jedem Punkt $A \in \mathfrak{P}$ und jedem Vektor $\vec{v} \in V$ gibt es genau einen Punkt $B \in \mathfrak{P}$ mit $\vec{v} = \overrightarrow{AB}$.
(b) Für alle Punkte $A, B, C \in \mathfrak{P}$ gilt $\overrightarrow{AB} + \overrightarrow{BC} = \overrightarrow{AC}$.

Wenn wir einen Punkt O der Punktmenge $\mathfrak{P}$ als Ursprung auszeichnen, dann folgt:

(c) Die Abbildung $\mathfrak{P} \to V$ mit $A \mapsto \overrightarrow{OA}$ ist umkehrbar eindeutig. ($\overrightarrow{OA}$ heißt Ortsvektor des Punktes A.)
(d) $\overrightarrow{AB} = \vec{o} \Leftrightarrow A = B$
(e) $\overrightarrow{AB} = -\overrightarrow{BA}$.

Als *Dimension* eines affinen Raumes bezeichnet man die Dimension des zugehörigen Vektorraumes.
Es sei $\mathfrak{P}$ ein affiner Raum über dem Vektorraum V mit Ursprung O. Weiter sei U ein Unterraum von V. Dann ist für jeden Vektor $\vec{a} \in V$ die Punktmenge $\mathfrak{P}' := \{P \in \mathfrak{P} \mid \overrightarrow{OP} = \vec{a} + \lambda\vec{u}, \vec{u} \in U\}$ selbst wieder ein affiner Raum (über dem Vektorraum U). Man bezeichnet $\mathfrak{P}'$ dann als *affinen Unterraum* von $\mathfrak{P}$. Als Ursprung von $\mathfrak{P}'$ wählt man meist den Punkt P_0 mit $\overrightarrow{OP_0} = \vec{a}$. Die affinen Räume der Dimension 1 bezeichnet man als *affine Geraden.* Die affinen Räume der Dimension 2 bezeichnet man als *affine Ebenen;* sie erfüllen das Axiomensystem, das unter dem Stichwort *affine Ebene* angegeben ist.

Beispiel (affine Koordinatenräume): Wir fassen die Menge $\mathbb{R}^n$ der n-Tupel von $\mathbb{R}$ einmal als Punktmenge $\mathfrak{P}$ auf (die Elemente werden als Zeilen geschrieben) und dann als Vektorraum V (die Elemente werden als Spalten geschrieben). Dann ist der Punktraum $\mathbb{R}^n$ ein n-dimensionaler affiner Raum über dem Vektorraum $\mathbb{R}^n$. Man spricht vom affinen Koordinatenraum. Insbesondere ist $\mathbb{R}^3$ ein affiner Raum über sich selber, $\mathbb{R}^2$ ist eine affine Ebene über sich selber. (Nur diese affinen Räume wurden zusammen mit ihren Unterräumen in Kapitel 3 behandelt.)

Austauschsatz von Steinitz

(Nach E. Steinitz, 1871–1928). Ein linear unabhängiges Erzeugendensystem eines Vektorraumes V heißt *Basis* (vgl. 1.5).

Aus dem Austauschsatz von Steinitz folgt, daß alle Basen eines Vektorraumes gleich viele Elemente haben. Damit ist es sinnvoll, die Dimension eines Vektorraumes als Anzahl der Vektoren in einer Basis zu definieren.
Der Austauschsatz lautet:

> Wenn $B := \{\vec{b}_1, \vec{b}_2, \ldots, \vec{b}_n\}$ eine Basis des Vektorraumes V und $A := \{\vec{a}_1, \vec{a}_2, \ldots, \vec{a}_m\} \subset V$ linear unabhängig ist, dann gilt $m \leq n$. Weiter kann man A durch Hinzunahme von $n-m$ Vektoren aus B zu einer Basis ergänzen.

Wir erläutern die Beweisidee an einem **Beispiel:** $B = \{\vec{b}_1, \vec{b}_2, \vec{b}_3, \vec{b}_4\}$ sei die Standardbasis von $\mathbb{R}^4$, weiter sei

$$A = \{\vec{a}_1, \vec{a}_2\} \quad \text{mit} \quad \vec{a}_1 = \begin{pmatrix} 1 \\ 2 \\ 3 \\ 4 \end{pmatrix}, \quad \vec{a}_2 = \begin{pmatrix} 1 \\ 1 \\ 1 \\ 1 \end{pmatrix}.$$

Es gilt dann

$$\vec{a}_1 = \vec{b}_1 + 2\vec{b}_2 + 3\vec{b}_3 + 4\vec{b}_4, \quad \text{also}$$
$$\vec{b}_1 = \vec{a}_1 - 2\vec{b}_2 - 3\vec{b}_3 - 4\vec{b}_4.$$

Da B als Basis ein Erzeugendensystem ist, und $\vec{b}_1$ durch $\vec{a}_1$ und die übrigen Vektoren von B ausgedrückt werden kann, ist auch

$$B_1 := \{\vec{a}_1, \vec{b}_2, \vec{b}_3, \vec{b}_4\}$$

ein Erzeugendensystem. Es ist linear unabhängig, denn es gilt

$$\lambda_1 \vec{a}_1 + \lambda_2 \vec{b}_2 + \lambda_3 \vec{b}_3 + \lambda_4 \vec{b}_4 = \vec{o} \Leftrightarrow$$
$$\begin{pmatrix} \lambda_1 \\ 2\lambda_1 + \lambda_2 \\ 3\lambda_1 + \lambda_3 \\ 4\lambda_1 + \lambda_4 \end{pmatrix} = \vec{o} \Leftrightarrow \lambda_1 = \lambda_2 = \lambda_3 = \lambda_4 = 0.$$

Damit ist auch B_1 eine Basis. Also läßt sich $\vec{a}_2$ durch deren Basisvektoren ausdrücken:

$$\vec{a}_2 = \vec{a}_1 - \vec{b}_2 - 2\vec{b}_3 - 3\vec{b}_4, \quad \text{also gilt}$$
$$\vec{b}_2 = \vec{a}_1 - \vec{a}_2 - 2\vec{b}_3 - 3\vec{b}_4.$$

Weil B_1 ein Erzeugendensystem ist und $\vec{b}_2$ durch $\vec{a}_2$ und die übrigen Vektoren von B_1 ausgedrückt werden kann, ist auch

$$B_2 := \{\vec{a}_1, \vec{a}_2, \vec{b}_3, \vec{b}_4\}$$

ein Erzeugendensystem. Es ist linear unabhängig, denn

$$\lambda_1 \vec{a}_1 + \lambda_2 \vec{a}_2 + \lambda_3 \vec{b}_3 + \lambda_4 \vec{b}_4 = \vec{o} \Leftrightarrow$$
$$\begin{pmatrix} \lambda_1 + \lambda_2 \\ 2\lambda_1 + \lambda_2 \\ 3\lambda_1 + \lambda_2 + \lambda_3 \\ 4\lambda_1 + \lambda_2 + \lambda_4 \end{pmatrix} = \vec{o} \Leftrightarrow \lambda_1 = \lambda_2 = \lambda_3 = \lambda_4 = 0.$$

Damit haben wir die linear unabhängigen Vektoren $\vec{a}_1, \vec{a}_2$ durch Vektoren von B zu einer Basis B_2 ergänzt. Das Vorgehen in diesem Beispiel läßt sich auf den allgemeinen Fall übertragen.

Bahnkurven

Johannes Kepler (1571–1630) hat die Bahnkurven der Planeten untersucht und dabei die folgenden Gesetze entdeckt:

1. Keplersches Gesetz: Der Planet beschreibt eine Ellipse, in deren einem Brennpunkt die Sonne steht.

2. Keplersches Gesetz: Der Radiusvektor von der Sonne zum Planeten überstreicht in gleichen Zeiten gleiche Flächen.

Diese Gesetze kann man aus dem Newtonschen Gravitationsgesetz herleiten. Bei dieser Herleitung erkennt man allgemein, daß jeder Körper, der in das Gravitationsfeld der Sonne gerät (und von wesentlich kleinerer Masse als die Sonne ist), als Bahnkurve einen Kegelschnitt (vgl. 7) hat. Beispielsweise ist die Bahn eines Kometen, der nur einmal in die Nähe der Sonne kommt, eine Hyperbel. Ob ein (kleiner) Himmelskörper im Gravitationsfeld der Sonne eine Ellipse, eine Parabel oder eine Hyperbel beschreibt, hängt u.a. von der Geschwindigkeit ab, mit der er aus dem All herangeschossen kommt. Ist seine Geschwindigkeit nicht zu hoch und kommt er der Sonne hinreichend nahe, so wird er von der Sonne „eingefangen" und kreist auf einer ellipsenförmigen Bahn um die Sonne, wie es auch alle Planeten tun.

Brennpunkteigenschaften

(a) Ellipse: Ein Strahl, der von einem Brennpunkt der Ellipse ausgeht, wird an der Ellipse so reflektiert, daß er durch den anderen Brennpunkt geht (Abb. 143).

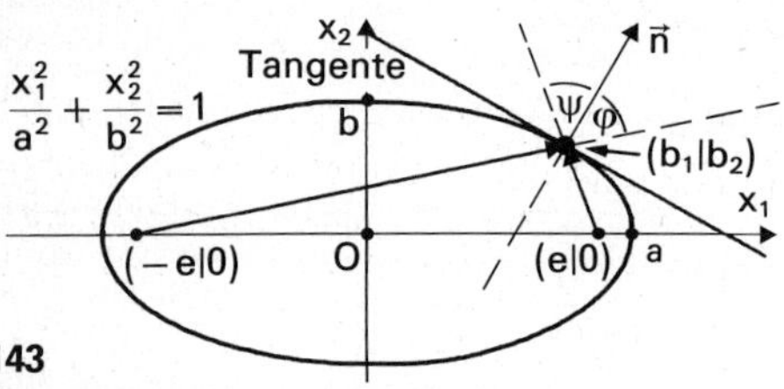

143

Beweis: Die **Tangente** im Ellipsenpunkt $(b_1|b_2)$ hat die Gleichung

$$\frac{x_1 b_1}{a^2}+\frac{x_2 b_2}{b^2}=1.$$

Also ist $\vec{n}=\begin{pmatrix}\frac{b_1}{a^2}\\ \frac{b_2}{b^2}\end{pmatrix}$ ein Normalenvektor im Punkt $(b_1|b_2)$. Es ist zu zeigen, daß die Größen

$$\cos\varphi=\frac{\vec{n}\cdot\begin{pmatrix}b_1+e\\ b_2\end{pmatrix}}{\|\vec{n}\|\sqrt{(b_1+e)^2+(b_2)^2}}$$

und

$$\cos\psi=\frac{\vec{n}\cdot\begin{pmatrix}b_1-e\\ b_2\end{pmatrix}}{\|\vec{n}\|\sqrt{(b_1-e)^2+(b_2)^2}}$$

übereinstimmen. Die Gleichung

$$\left(\vec{n}\cdot\begin{pmatrix}b_1+e\\ b_2\end{pmatrix}\right)\sqrt{(b_1-e)^2+(b_2)^2}$$
$$=\left(\vec{n}\cdot\begin{pmatrix}b_1-e\\ b_2\end{pmatrix}\right)\sqrt{(b_1+e)^2+(b_2)^2}$$

geht nun durch Äquivalenzumformungen in die Gleichung

$$\frac{(b_1)^2}{a^2}+\frac{(b_2)^2}{b^2}=1$$

über, welche erfüllt ist, da ja $(b_1|b_2)$ ein Ellipsenpunkt ist. Bei den Äquivalenzumformungen beachte man die Beziehung $e^2=a^2-b^2$.

(b) Parabel: Ein Strahl, der vom Brennpunkt der Parabel ausgeht, wird an der Parabel so reflektiert, daß er parallel zur Parabelachse verläuft (Abb. 144).

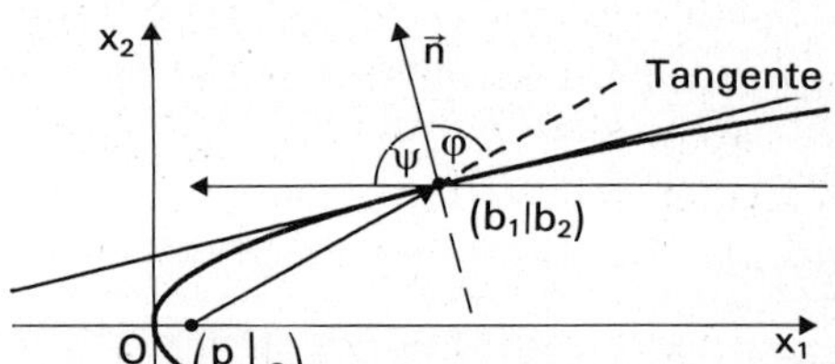

144

Beweis: Die **Tangente** im Parabelpunkt $(b_1|b_2)$ hat die Gleichung

$$x_2 b_2=p(x_1+b_1).$$

Also ist $\vec{n}=\begin{pmatrix}-p\\ b_2\end{pmatrix}$ ein Normalenvektor im

Punkt $(b_1|b_2)$. Es ist zu zeigen, daß die Größen

$$\cos\varphi = \frac{\vec{n}\cdot\begin{pmatrix} b_1 - \frac{p}{2} \\ b_2 \end{pmatrix}}{\|\vec{n}\|\sqrt{\left(b_1 - \frac{p}{2}\right)^2 + (b_2)^2}}$$

und

$$\cos\psi = \frac{\vec{n}\cdot\begin{pmatrix} -1 \\ 0 \end{pmatrix}}{\|\vec{n}\|\cdot 1}$$

übereinstimmen. Dies beweist man ähnlich wie bei der Ellipse, indem man die Gleichung

$$\frac{\vec{n}\cdot\begin{pmatrix} b_1 - \frac{p}{2} \\ b_2 \end{pmatrix}}{\sqrt{\left(b_1 - \frac{p}{2}\right)^2 + (b_2)^2}} = \vec{n}\cdot\begin{pmatrix} -1 \\ 0 \end{pmatrix}$$

bzw.

$$-p\left(b_1 - \frac{p}{2}\right) + (b_2)^2 = p\sqrt{\left(b_1 - \frac{p}{2}\right)^2 + (b_2)^2}$$

durch Äquivalenzumformungen auf $(b_2)^2 = 2p\,b_1$ zurückführt.

(c) Hyperbel: Ein Strahl, der von einem Brennpunkt der Hyperbel ausgeht, wird an der Hyperbel so reflektiert, daß er von dem anderen Brennpunkt der Hyperbel auszugehen scheint (Abb. 145).

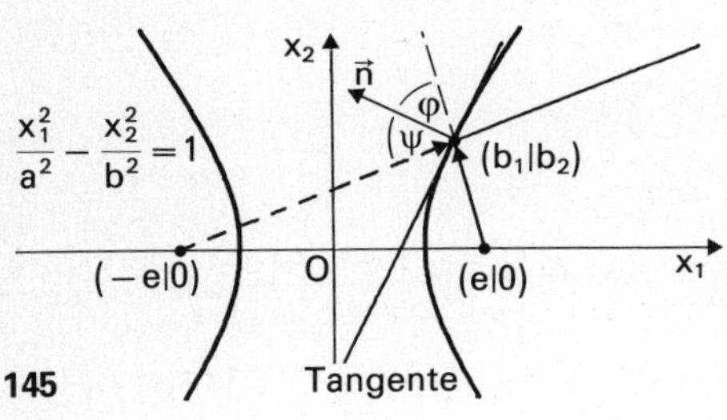

145

Der **Beweis** verläuft ähnlich wie bei der Ellipse.

Cauchy-Schwarzsche Ungleichung

In einem *euklidischen* Vektorraum (4.2) wird durch $\|\vec{a}\| := \sqrt{\vec{a}\cdot\vec{a}}$ eine *Norm* definiert. Die Cauchy-Schwarzsche Ungleichung besagt: Das Skalarprodukt zweier Vektoren ist dem Betrage nach nicht größer als das Produkt ihrer Normen:

$|\vec{a}\cdot\vec{b}| \leq \|\vec{a}\|\cdot\|\vec{b}\|$.

Beweis: Für beliebiges $\lambda \in \mathbb{R}$ gilt

$$\begin{aligned} 0 &\leq (\vec{a} - \lambda\vec{b})\cdot(\vec{a} - \lambda\vec{b}) \\ &= \vec{a}\cdot\vec{a} - 2\lambda\vec{a}\cdot\vec{b} + \lambda^2\vec{b}\cdot\vec{b} \\ &= \|\vec{a}\|^2 - 2\lambda\vec{a}\cdot\vec{b} + \lambda^2\|\vec{b}\|^2. \end{aligned}$$

Für $\vec{b} = \vec{o}$ ist die Cauchy-Schwarzsche Ungleichung erfüllt. Falls $\vec{b} \neq \vec{o}$ ist, folgt mit $\lambda = \frac{\vec{a}\cdot\vec{b}}{\|\vec{b}\|^2}$:

$$\begin{aligned} 0 &\leq \|\vec{a}\|^2 - 2\,\frac{(\vec{a}\cdot\vec{b})^2}{\|\vec{b}\|^2} + \frac{(\vec{a}\cdot\vec{b})^2}{\|\vec{b}\|^2} \\ &= \|\vec{a}\|^2 - \frac{(\vec{a}\cdot\vec{b})^2}{\|\vec{b}\|^2}. \end{aligned}$$

Hieraus ergibt sich

$(\vec{a}\cdot\vec{b})^2 \leq \|\vec{a}\|^2\,\|\vec{b}\|^2$.

Im euklidischen Vektorraum $\mathbb{R}^2$ und $\mathbb{R}^3$ mit dem „Standardskalarprodukt“ (vgl. 4.1) folgt die Cauchy-Schwarzsche Ungleichung aus

$(\vec{a}\cdot\vec{b}) = \|\vec{a}\|\,\|\vec{b}\|\cos\alpha$,

wobei $\alpha = \sphericalangle\,\vec{a}, \vec{b}$ ist.

Determinante

Die Determinante einer *quadratischen Matrix* A ist eine reelle Zahl. Man bezeichnet sie mit det(A) oder kürzer mit |A|. Für zwei- und dreireihige Matrizen findet sich die Definition in 2.4. Durch Verallgemeinerung des dort angegebe-

nen *Entwicklungssatzes* lassen sich Determinanten von Matrizen mit beliebig großer Zeilenzahl bilden. (Man berechnet n-reihige Determinanten als Summe (n − 1)-reihiger Determinanten.) Für Determinanten gelten folgende Aussagen:
$|A^T| = |A|$, wobei A^T die *transponierte Matrix* von A ist.
Wenn man zwei nebeneinanderliegende Spalten oder Zeilen einer Matrix vertauscht, dann ändert die Determinante ihr Vorzeichen.
Genau dann ist die Determinante einer Matrix 0, wenn die Zeilen oder Spalten *linear abhängig* sind.
Genau dann ist das Gleichungssystem $A\vec{x} = \vec{b}$ für alle $\vec{b}$ eindeutig lösbar, wenn $|A| \neq 0$ gilt. In diesem Fall existiert die zu A *inverse Matrix* A^{-1}. Man kann den Lösungsvektor $\vec{x}$ durch die *Cramersche Regel* (2.4) berechnen oder gemäß der Formel $\vec{x} = A^{-1}\vec{b}$ (6.3).
Wenn A und B quadratische Matrizen gleicher Ordnung sind, dann gilt für das *Matrizenprodukt* $|AB| = |A|\,|B|$.
Eine lineare Abbildung $\mathbb{R}^n \to \mathbb{R}^n$ werde beschrieben durch eine Matrix A. Dann unterscheidet sich der (n-dimensionale) Inhalt einer Bildfigur von dem der zugehörigen Urbildfigur um den Faktor $|\det(A)|$.
Sind $\vec{u}, \vec{v}, \vec{w}$ die Spaltenvektoren einer dreireihigen Matrix, dann gilt (vgl. 4.4) $|A| = (\vec{u} \times \vec{v}) \cdot \vec{w}$. Die Determinante gibt in diesem Fall das *orientierte Volumen* des Spats an, der von den Spaltenvektoren aufgespannt wird (vgl. **Orientierung**).

Dreiecksungleichung

Jedem Vektor $\vec{a}$ eines $\mathbb{R}$-Vektorraumes V sei eine nicht negative Zahl $\|\vec{a}\|$ zugeordnet. Die Zuordnung $\|\ \|$ heißt *Norm,* wenn folgende Eigenschaften erfüllt sind (vgl. 4.2):

(a) $\|\lambda\vec{a}\| = |\lambda|\,\|\vec{a}\|$ für alle $\vec{a} \in V$, $\lambda \in \mathbb{R}$
(b) $\|\vec{a} + \vec{b}\| \leq \|\vec{a}\| + \|\vec{b}\|$ für alle $\vec{a}, \vec{b} \in V$
(c) $\|\vec{a}\| = 0 \Leftrightarrow \vec{a} = \vec{o}$ für alle $\vec{a} \in V$.

(b) heißt *Dreiecksungleichung.* Nach Abb. 70 läßt sie sich in $\mathbb{R}^2$ und $\mathbb{R}^3$ so deuten: In einem Dreieck ist die Länge einer Seite höchstens so groß wie die Summe der beiden anderen Seitenlängen.
In einem *euklidischen* Vektorraum mit Skalarprodukt „·" wird durch

$$\|\vec{a}\| := \sqrt{\vec{a} \cdot \vec{a}}$$

eine Norm definiert. Für diese Norm beweist man die Gültigkeit der Dreiecksungleichung wie folgt: Für alle $\vec{a}, \vec{b} \in V$ erhält man unter Beachtung der **Cauchy-Schwarzschen Ungleichung:**

$$\begin{aligned}\|\vec{a} + \vec{b}\|^2 &= (\vec{a} + \vec{b}) \cdot (\vec{a} + \vec{b})\\ &= \|\vec{a}\|^2 + \|\vec{b}\|^2 + 2\vec{a} \cdot \vec{b}\\ &\leq \|\vec{a}\|^2 + \|\vec{b}\|^2 + 2\,\|\vec{a}\|\,\|\vec{b}\|\\ &= (\|\vec{a}\| + \|\vec{b}\|)^2.\end{aligned}$$

Hieraus folgt wegen $\|\vec{a} + \vec{b}\| \geq 0$ und $\|\vec{a}\| + \|\vec{b}\| \geq 0$ die Behauptung durch Wurzelziehen.

Eigenwert

Es sei f: $V \mapsto V$ eine lineare Abbildung (vgl. 6.1) des $\mathbb{R}$-Vektorraums V in sich. Eine Zahl $\lambda \in \mathbb{R}$ heißt ein *Eigenwert* von f, wenn ein von $\vec{o}$ verschiedener Vektor $\vec{v}$ existiert, der auf das λ-fache von $\vec{v}$ abgebildet wird (f: $\vec{v} \mapsto \lambda\vec{v}$).
Wenn λ ein Eigenwert ist, dann heißt *jeder* Vektor $\vec{v}$ mit f: $\vec{v} \mapsto \lambda\vec{v}$ *Eigenvektor* zu f. Die Menge aller Eigenvektoren von f zum Eigenwert λ bildet einen Unterraum von V. Man nennt ihn den Eigenraum von f zum Eigenwert λ. Ist die lineare Abbildung f durch ihre (quadratische) Abbildungsmatrix gegeben, so ist λ genau

dann ein Eigenwert von f, wenn die Gleichung

$A\vec{v} - \lambda\vec{v} = \vec{o}$

eine von $\vec{o}$ verschiedene Lösung besitzt. Das ist genau dann der Fall wenn die Matrix $A - \lambda E$ nicht regulär ist, wenn also ihre **Determinante** verschwindet:

$|A - \lambda E| = 0$

(E ist dabei die Einheitsmatrix). Aus der letzten Gleichung bestimmt man alle Eigenwerte von A als Nullstellen von $|A - \lambda E|$, danach berechnet man die zugehörigen Eigenvektoren.

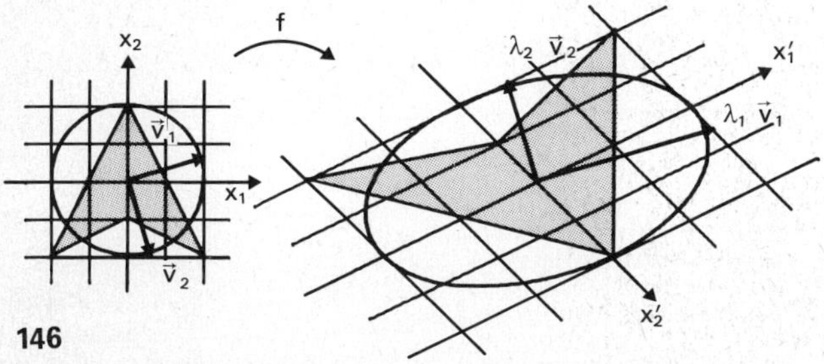

146

Beispielweise erhält man die Eigenwerte der Matrix $\begin{pmatrix} 2 & 1 \\ 1 & -1 \end{pmatrix}$ aus

$$\begin{vmatrix} (2-\lambda) & 1 \\ 1 & (-1-\lambda) \end{vmatrix} = (2-\lambda)(-1-\lambda) - 1 = \lambda^2 - \lambda - 3 = 0$$

zu

$$\lambda_1 = \frac{1+\sqrt{13}}{2}, \quad \lambda_2 = \frac{1-\sqrt{13}}{2}.$$

Der zu λ_1 gehörige Eigenraum wird erzeugt durch

$$\vec{v}_1 = \begin{pmatrix} 1+\lambda_1 \\ 1 \end{pmatrix} = \begin{pmatrix} \frac{1}{2}(3+\sqrt{13}) \\ 1 \end{pmatrix},$$

der zu λ_2 gehörige Eigenraum wird erzeugt durch

$$\vec{v}_2 = \begin{pmatrix} 1+\lambda_2 \\ 1 \end{pmatrix} = \begin{pmatrix} \frac{1}{2}(3-\sqrt{13}) \\ 1 \end{pmatrix}.$$

Die lineare Abbildung f, die durch die angegebene Matrix beschrieben wird, ist Abb. 146 zu entnehmen.

Flächen zweiter Ordnung

Eine Gleichung zweiten Grades in drei Variablen x_1, x_2, x_3 beschreibt eine *Fläche zweiter Ordnung* im Raum. Wir betrachten hier die wichtigsten Spezialfälle.

(1) Ellipsoid (Abb. 147):

$$\frac{x_1^2}{a^2} + \frac{x_2^2}{b^2} + \frac{x_3^2}{c^2} = 1$$

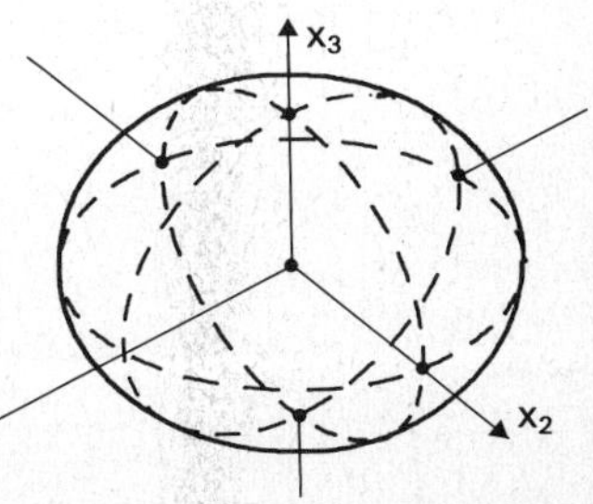

147

(2) Hyperboloide
(a) Einschaliges Hyperboloid (Abb. 148):

$$\frac{x_1^2}{a^2} + \frac{x_2^2}{b^2} - \frac{x_3^2}{c^2} = 1$$

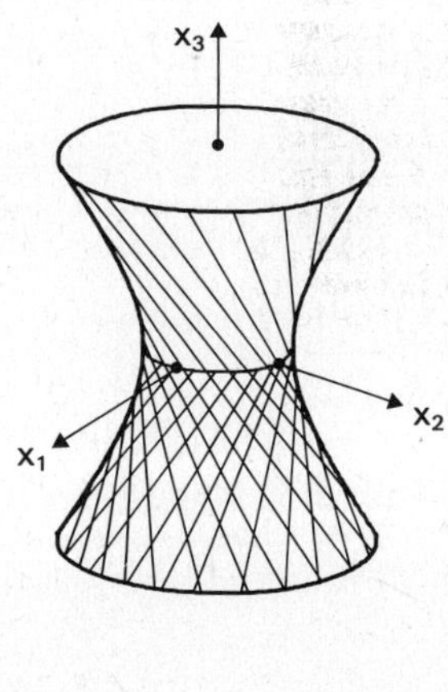

148

(b) Zweischaliges Hyperboloid (Abb. 149):

$$\frac{x_1^2}{a^2} - \frac{x_2^2}{b^2} - \frac{x_3^2}{c^2} = 1$$

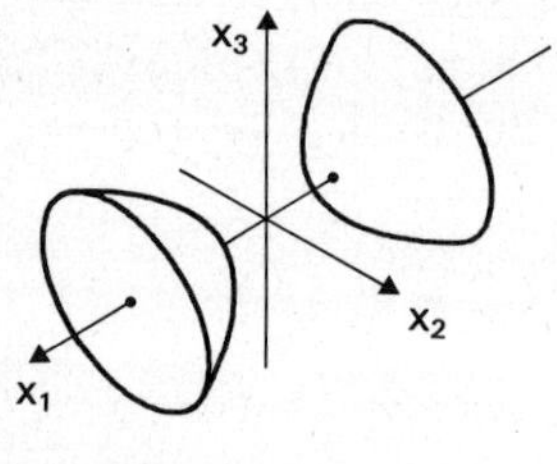

149

(3) Paraboloide

(a) Elliptisches Paraboloid (Abb. 150):

$$\frac{x_1^2}{a^2} + \frac{x_2^2}{b^2} - x_3 = 0$$

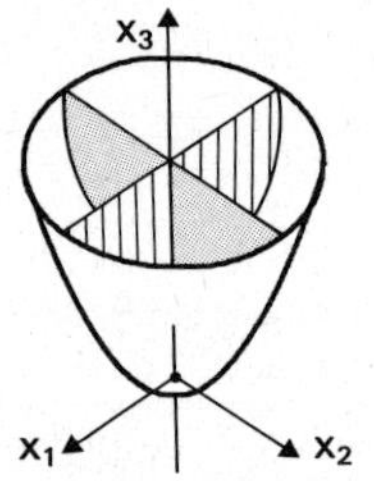

150

(b) Hyperbolisches Paraboloid (Sattelfläche, Abb. 151):

$$\frac{x_1^2}{a^2} - \frac{x_2^2}{b^2} - x_3 = 0$$

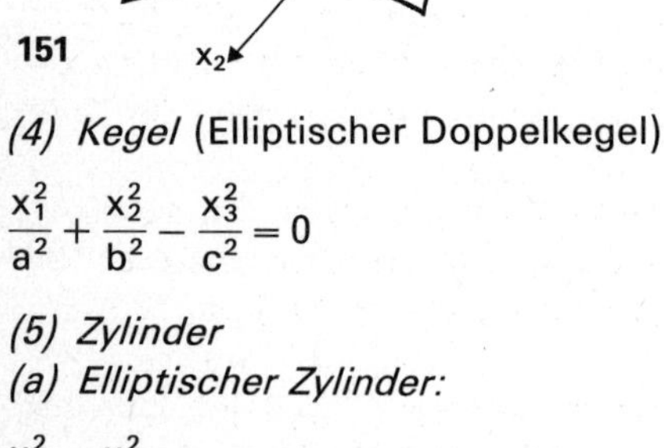

151

(4) Kegel (Elliptischer Doppelkegel):

$$\frac{x_1^2}{a^2} + \frac{x_2^2}{b^2} - \frac{x_3^2}{c^2} = 0$$

(5) Zylinder

(a) Elliptischer Zylinder:

$$\frac{x_1^2}{a^2} + \frac{x_2^2}{b^2} - 1 = 0$$

(b) Hyperbolischer Zylinder:

$$\frac{x_1^2}{a^2} - \frac{x_2^2}{b^2} - 1 = 0$$

(c) Parabolischer Zylinder:

$$x_1^2 - 2px_2 = 0$$

Eine Gleichung zweiten Grades kann auch Ebenenpaare, Geraden, nur einen Punkt oder die leere Menge darstellen. Beispielweise wird durch $(x_1 - a)(x_1 + a) = 0$ ein Paar paralleler Ebenen gegeben. Die Gleichung $\frac{x_1^2}{a^2} + \frac{x_2^2}{b^2} = 0$ stellt die x_3-Achse dar, die Gleichung $\frac{x_1^2}{a^2} + \frac{x_2^2}{b^2} + \frac{x_3^2}{c^2} = 0$ nur den Koordinatenursprung 0. Der Gleichung $\frac{x_1^2}{a^2} + \frac{x_2^2}{b^2} + \frac{x_3^2}{c^2} + 1 = 0$ genügt kein Punkt aus $\mathbb{R}^3$.

Eine Gleichung zweiten Grades mit den Variablen x_1, x_2, x_3 hat allgemein die Form

$$\begin{aligned} & a_{11}x_1^2 + a_{22}x_2^2 + a_{33}x_3^2 \\ & + 2a_{12}x_1x_2 + 2a_{13}x_1x_3 + 2a_{23}x_2x_3 \\ & + 2a_{14}x_1 + 2a_{24}x_2 + 2a_{34}x_3 \\ & + a_{44} = 0. \end{aligned}$$

Durch eine **Hauptachsentransformation** läßt sich jede Gleichung zweiten Grades auf eine der oben angegebenen Formen bringen.

Funktionenräume

Gegeben sei ein abgeschlossenes Intervall I. Die Menge aller reellwertigen Funktionen $f: I \to \mathbb{R}$ bildet mit den Definitionen

$$(f + g)(x) := f(x) + g(x)$$

$$(\lambda f)(x) := \lambda f(x)$$

einen Vektorraum, den wir mit F(I) bezeichnen. Die Teilmenge $C^0(I)$ der über I stetigen Funktionen ist ein Untervektorraum von F(I). Durch

$$f \cdot g := \int_I f(x)\, g(x)\, dx$$

wird auf $C^0(I)$ ein *Skalarprodukt* definiert. Für die zugehörige *Norm* gilt

$$\|f\|^2 = \int_I f(x)^2\, dx.$$

Beispiel 1: Für $f(x)=x$, $g(x)=x^2$ und $I=[0; 1]$ gilt

$$\|f\| = \sqrt{\int_0^1 x^2\, dx} = \sqrt{\frac{1}{3}}$$

$$\|g\| = \sqrt{\int_0^1 x^4\, dx} = \sqrt{\frac{1}{5}}$$

$$f \cdot g = \int_0^1 x^3\, dx = \frac{1}{4}$$

Die **Cauchy-Schwarzsche Ungleichung** lautet hier:

$$0{,}25 = |\vec{a} \cdot \vec{b}| \leq \|\vec{a}\|\, \|\vec{b}\| = \sqrt{\frac{1}{15}} \approx 0{,}258.$$

Die Funktionen mit $g(x)=x^2$ und $h(x)=x-\frac{3}{4}$ sind bezüglich dieses Skalarproduktes orthogonal.
Eine andere Norm wird auf $C^0(I)$ definiert durch

$$\|f\|_0 = \max_{x \in I} |f(x) - g(x)|.$$

Während sich die erste Norm aus einem Skalarprodukt herleiten läßt, gilt dies für die zweite Norm nicht. Das zeigt sich daran, daß die *Parallelogrammidentität* (4.2) für die zweite Norm nicht gilt.

Beispiel 2: Für $f(x)=x$, $g(x)=x^2$ und $I=[0; 1]$ gilt

$$\|f+g\|_0 = 2, \quad \|f-g\|_0 = \frac{1}{4}, \quad \|f\|_0 = \|g\|_0 = 1;$$

damit folgt

$$\|f+g\|_0^2 + \|f-g\|_0^2 \neq \|f\|_0^2 + \|g\|_0^2.$$

Der Funktionenraum $C^0(I)$ ist nicht endlichdimensional; beispielsweise bilden für $I=[0; 2\pi]$ die Funktionen

$$a_1 : x \mapsto \frac{1}{\sqrt{2\pi}} \quad \text{und}$$

$$a_n : x \mapsto \begin{cases} \frac{1}{\sqrt{\pi}} \sin(\nu x), & \text{falls } 2\nu = n \\ \frac{1}{\sqrt{\pi}} \cos(\nu x), & \text{falls } 2\nu + 1 = n \end{cases} \Bigg\} n \geq 2$$

ein (abzählbar-) unendliches *Orthonormalsystem* bezüglich des oben eingeführten Skalarproduktes ($a_n \cdot a_n = 1$, $a_n \cdot a_k = 0$ für $n \neq k$). Insbesondere sind *beliebig viele* dieser Funktionen *linear unabhängig*.
Man kann in nicht endlichdimensionalen Vektorräumen (wie $C^0[0; 2\pi]$) den Begriff der Basis analog zu 1.5 als linear unabhängiges Erzeugendensystem definieren. (Dabei heißt eine (nicht notwendig endliche) Teilmenge M eines Vektorraumes V Erzeugendensystem, wenn jeder Vektor aus V als Linearkombination von *endlich* vielen Vektoren aus M dargestellt werden kann. Sie heißt linear unabhängig, wenn je *endlich* viele Vektoren aus M linear unabhängig im Sinne von 1.4 sind.)
Da dieser Basisbegriff oft auf überabzählbare Basen führt, ist er eher von theoretischem Interesse. Beispielsweise bilden die Funktionen a_n keine Basis von $C^0([0; 2\pi])$, denn schon die Funktion $x \mapsto x$ kann aus ihnen nicht linear kombiniert werden.
Der folgende Basisbegriff ist nützlicher, er hängt allerdings von der auf dem Vektorraum definierten *Norm* ab:

Definition: V sei ein nicht endlichdimensionaler normierter Vektorraum. Eine abzählbare Teilmenge $\{a_1, a_2, \ldots\}$ heißt *Basis* von V, wenn es zu jedem Vektor $f \in V$ genau eine Folge von reellen Zahlen $f_1, f_2, \ldots$ gibt, so daß

$$\left\| f - \sum_{n=1}^{k} f_n a_n \right\| \to 0 \quad \text{mit} \quad k \to \infty$$

eine *Nullfolge* ist.
Wenn die Norm durch ein Skalarprodukt definiert ist und die Basisvektoren $a_1, a_2, \ldots$ ein Orthonormalsystem bilden, dann gilt $f_n = f \cdot a_n$. Die Zahlen f_n heißen *Fourierkoeffizienten* von f bzgl. der angegebenen Basis.

Beispiel: Die oben genannten trigonometrischen Funktionen bilden eine Basis von $C^0([0; 2\pi])$. Ist f eine stetige Funktion, dann gilt mit $f_n := \int_0^{2\pi} f(x)\, a_n(x)\, dx$:

$$\left\| f - \sum_{n=1}^{k} f_n a_n \right\| \to 0 \quad \text{für} \quad k \to \infty .$$

Gruppe

Es sei G eine nichtleere Menge und $*$ eine Verknüpfung in G, d. h. je zwei Elementen $a, b \in G$ ist ein Element $a*b \in G$ zugeordnet:

(I) $a, b \in G \Rightarrow a*b \in G$.

Ferner sei die Verknüpfung *assoziativ,* d. h. es gelte

(II) $a*(b*c) = (a*b)*c$ für alle $a, b, c \in G$.

Weiterhin existiere ein Element $e \in G$ *(neutrales Element)* mit

(III) $a*e = e*a = a$ für alle $a \in G$,

und zu jedem $a \in G$ existiere ein $a' \in G$ *(inverses Element)* mit

(IV) $a*a' = a'*a = e$.

Dann heißt das Verknüpfungsgebilde $(G, *)$ eine *Gruppe.*

Gilt außerdem das *Kommutativgesetz*

(V) $a*b = b*a$ für alle $a, b \in G$,

dann heißt $(G, *)$ eine *kommutative* Gruppe.

Beispiele:

(1) Die ganzen Zahlen $\{\ldots, -2, -1, 0, 1, 2, \ldots\}$ bilden bezüglich der Addition eine (kommutative) Gruppe. Dasselbe gilt für die rationalen Zahlen und die reellen Zahlen.

(2) Die Bruchzahlen (positive rationale Zahlen) bilden eine (kommutative) Gruppe bezüglich der Multiplikation. Dasselbe gilt für die rationalen Zahlen und die reellen Zahlen, wenn man die Null ausnimmt.

(3) Die Vektoren eines **Vektorraums** bilden eine (kommutative) Gruppe bezüglich der Vektoraddition.

(4) Die Menge aller Kongruenzabbildungen der Ebene auf sich (vgl. 6.2) bildet bezüglich der **Verkettung** eine (nicht kommutative) Gruppe. Dasselbe gilt für die Menge aller **affinen Abbildungen** der Ebene auf sich.

(5) Die Menge aller bijektiven (d. h. umkehrbaren) linearen Abbildungen eines Vektorraums auf sich bildet bezüglich der **Verkettung** eine (nichtkommutative) Gruppe (vgl. 6.1).

(6) Die Menge aller quadratischen invertierbaren Matrizen fester Ordnung n mit Elementen aus $\mathbb{R}$ bildet eine Gruppe bezüglich der Matrizenmultiplikation (vgl. 6.1). Diese Gruppe ist außer in dem trivialen Fall $n = 1$ nicht kommutativ.

Hauptachsentransformation

Die Hauptachsentransformation für Kurven zweiter Ordnung ist in 7.3 dargestellt. Wir beschreiben sie daher hier nur für **Flächen zweiter Ordnung.** Eine solche ist allgemein durch eine Gleichung der Form

$$(x_1\ x_2\ x_3)\begin{pmatrix} a_{11} & a_{12} & a_{13} \\ a_{12} & a_{22} & a_{23} \\ a_{13} & a_{23} & a_{33} \end{pmatrix}\begin{pmatrix} x_1 \\ x_2 \\ x_3 \end{pmatrix}$$

$$+(a_{14}\ a_{24}\ a_{34})\begin{pmatrix} x_1 \\ x_2 \\ x_3 \end{pmatrix}+a_{44}=0$$

oder kurz

$$\vec{x}^T A\vec{x}+\vec{a}^T\vec{x}+a_{44}=0$$

gegeben. Die Matrix A ist symmetrisch, d. h. $A^T=A$. Führen wir nun ein neues kartesisches Koordinatensystem (x_1', x_2', x_3') mit dem gleichen Ursprung ein, so ist

$$\vec{x}=C\vec{x}'$$

mit einer orthogonalen Matrix C (d. h. es gilt $C^T C=E$). Dann ist

$$\vec{x}^T A\vec{x}=(C\vec{x}')^T A(C\vec{x}')=\vec{x}'(C^T AC)\vec{x}'.$$

Die neuen Koordinaten und damit die Matrix C sollen nun so bestimmt werden, daß $C^T AC$ Diagonalform hat, daß also

$$C^T AC=\begin{pmatrix} \lambda_1 & 0 & 0 \\ 0 & \lambda_2 & 0 \\ 0 & 0 & \lambda_3 \end{pmatrix}.$$

Wegen $C^{-1}=C^T$ bedeutet dies

$$AC=C\begin{pmatrix} \lambda_1 & 0 & 0 \\ 0 & \lambda_2 & 0 \\ 0 & 0 & \lambda_3 \end{pmatrix}.$$

Für die Spaltenvektoren $\vec{c}_1, \vec{c}_2, \vec{c}_3$ von C muß also gelten

$$A\vec{c}_i=\lambda_i\vec{c}_i \quad (i=1, 2, 3),$$

wobei keiner der Vektoren $\vec{c}_i$ der Nullvektor ist. Man muß also die **Eigenwerte** von A und die zugehörigen Eigenvektoren bestimmen. Man kann nun beweisen, daß sich auf diese Art stets eine Matrix C mit den gewünschten Eigenschaften bestimmen läßt. Es ergibt sich die Gleichung

$$\lambda_1(x_1')^2+\lambda_2(x_2')^2+\lambda_3(x_3')^2$$
$$+\alpha_1 x_1'+\alpha_2 x_2'+\alpha_3 x_3'+a_{44}=0$$

mit $(\alpha_1\,\alpha_2\,\alpha_3)=\vec{a}^T C$. In dieser Gestalt kann man leicht den Typ der Fläche zweiter Ordnung erkennen; die ,,Hauptachsen'' der Fläche zweiter Ordnung sind nämlich jetzt parallel zu den Koordinatenachsen. Ist $\lambda_i \neq 0$, so kann man das lineare Glied $\alpha_i x_i$ durch eine weitere Koordinatentransformation (Verschiebung) beseitigen. Wegen der in der Regel sehr umfangreichen Rechnungen müssen wir hier auf ein Beispiel verzichten.

Isomorphie

Es sei $(G, *)$ ein Verknüpfungsgebilde, d. h. jedem Paar (a, b) von Elementen aus G ist ein Element $a*b$ eindeutig zugeordnet. Ferner sei $(H, \odot)$ ein weiteres Verknüpfungsgebilde. Eine Abbildung $f: G \to H$ heißt eine *isomorphe Abbildung* oder ein *Isomorphismus* von $(G, *)$ auf $(H, \odot)$, wenn gilt:

(1) f ist bijektiv, d. h. verschiedene Elemente von G haben auch verschiedene Bilder in H, und jedes Element von H kommt als Bild eines Elementes aus G vor;

(2) für alle $a, b \in G$ gilt

$$f(a*b)=f(a)\odot f(b),$$

d. h. mit den Bildern der Elemente von G wird in H ebenso gerechnet wie mit den Elementen in G (vgl. Abb. 152).

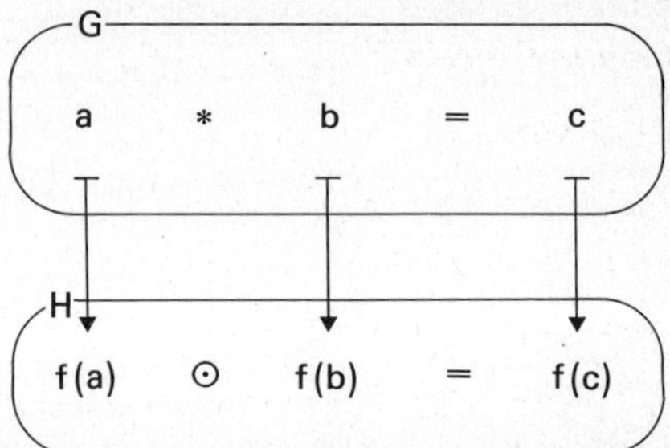

152

Existiert ein Isomorphismus von $(G, *)$ auf $(H, \odot)$, so heißen die beiden Verknüpfungsgebilde isomorph (strukturgleich) zueinander. Beispielsweise ist $x \mapsto e^x$ ein Isomorphismus von $(\mathbb{R}, +)$ auf $\mathbb{R}^+, \cdot)$.

Verknüpfungsgebilde mit mehreren Verknüpfungen (z. B. **Körper**) heißen isomorph, wenn neben (1) die Isomorphiebedingung (2) für alle Verknüpfungen gilt.

Je zwei $\mathbb{R}$-Vektorräume V und W gleicher Dimension sind zueinander isomorph: Ist $(\vec{a}_1, \vec{a}_2, \ldots, \vec{a}_n)$ eine Basis von V und $(\vec{b}_1, \vec{b}_2, \ldots, \vec{b}_n)$ eine Basis von W, so wird durch

$$f: \sum_{i=1}^{n} r_i \vec{a}_i \mapsto \sum_{i=1}^{n} r_i \vec{b}_i \quad (r_1, r_2, \ldots, r_n \in \mathbb{R})$$

ein Isomorphismus definiert. Es gilt dann nämlich für $\vec{u}, \vec{v} \in V$ und $r \in \mathbb{R}$ (vgl. 1.5)

$$f(u+v) = f(u) + f(v) \quad \text{und} \quad f(ru) = rf(u).$$

Körper

Ein *Körper* ist ein Verknüpfungsgebilde $(K, *, \circ)$ mit zwei Verknüpfungen, welches folgende Eigenschaften hat:

(1) Die Menge K enthält mindestens zwei Elemente.

(2) $(K, *)$ ist eine kommutative **Gruppe** (das neutrale Element bezüglich $*$ heiße 0).

(3) $(K \setminus \{0\}, \circ)$ ist eine kommutative **Gruppe.**

(4) Die Verknüpfung $\circ$ ist distributiv bezüglich der Verknüpfung $*$, d.h. für alle $a, b, c \in K$ gilt

$$a \circ (b * c) = (a \circ b) * (a \circ c).$$

Beispiele:

$(\mathbb{Q}, +, \cdot)$ ist der *Körper der rationalen Zahlen.* $(\mathbb{R}, +, \cdot)$ ist der *Körper der reellen Zahlen.* Die ganzen Zahlen bilden bezüglich der Addition und der Multiplikation keinen Körper, denn $\mathbb{Z} \setminus \{0\}$ ist keine Gruppe bezüglich der Multiplikation. Körper spielen beim Begriff des **Vektorraums** eine wichtige Rolle.

Orientierung

Ein Tupel aus n linear unabhängigen Vektoren $(\vec{a}_1, \vec{a}_2, \ldots, \vec{a}_n)$ des Vektorraums $\mathbb{R}^n$ bildet eine *Basis.* Wenn man die Vektoren als Spalten in einer Matrix zusammenfaßt, dann ist ihre **Determinante** von Null verschieden (2.4). Wenn die Determinante positiv ist, dann sagt man, die Basis sei *positiv orientiert,* andernfalls nennt man sie *negativ orientiert.* Der Betrag der Determinante gibt das Volumen des Parallelepipeds an, der von $(\vec{a}_1, \vec{a}_2, \ldots, \vec{a}_n)$ aufgespannt wird. Den Wert der Determinante selber bezeichnet man als das *orientierte Volumen* (vgl. 2.4 und 4.4). Während das orientierte Volumen positiv oder negativ sein kann, ist das Volumen stets positiv.

Beispiel 1: Die Vektoren

$$\vec{a} = \begin{pmatrix} 1 \\ 0 \end{pmatrix}, \quad \vec{b} = \begin{pmatrix} 1 \\ 1 \end{pmatrix}$$

bilden eine Basis des Vektorraumes $\mathbb{R}^2$. $(\vec{a}, \vec{b})$ ist positiv, $(\vec{b}, \vec{a})$ ist negativ orientiert, denn es gilt

$$\begin{vmatrix} 1 & 1 \\ 0 & 1 \end{vmatrix} = 1 \quad \text{und} \quad \begin{vmatrix} 0 & 1 \\ 1 & 1 \end{vmatrix} = -1.$$

Beispiel 2:

$$\vec{a} = \begin{pmatrix} 1 \\ 2 \\ 4 \end{pmatrix}, \quad \vec{b} = \begin{pmatrix} 0 \\ 4 \\ 0 \end{pmatrix}, \quad \vec{c} = \begin{pmatrix} 3 \\ -1 \\ -2 \end{pmatrix}$$

bilden eine Basis von $\mathbb{R}^3$.
$(\vec{a}, \vec{b}, \vec{c})$ und $(\vec{c}, \vec{b}, \vec{a})$ sind positiv, $(\vec{a}, \vec{c}, \vec{b})$ ist negativ orientiert (vgl. das Beispiel aus 2.4).
Vertauscht man die Reihenfolge zweier benachbarter Vektoren einer Basis, so ändert sich die Orientierung.
Für den Vektorraum $\mathbb{R}^3$ gilt die *„Rechte-Hand-Regel“*: $(\vec{a}_1, \vec{a}_2, \vec{a}_3)$ sei eine Basis aus paarweise zueinander orthogonalen Vektoren. Der Daumen der rechten Hand zeige in Richtung $\vec{a}_1$, der Zeigefinger in Richtung $\vec{a}_2$. Die Regel besagt, daß $(\vec{a}_1, \vec{a}_2, \vec{a}_3)$ genau dann positiv orientiert ist, wenn der Mittelfinger in Richtung $\vec{a}_3$ zeigt.
Falls $\vec{a}_1$ und $\vec{a}_2$ linear unabhängige Vektoren des $\mathbb{R}^3$ sind, dann ist $(\vec{a}_1, \vec{a}_2, \vec{a}_1 \times \vec{a}_2)$ stets eine positiv orientierte Basis (vgl. 4.4).
Die Matrix A einer *umkehrbaren linearen Abbildung* f: $\mathbb{R}^n \to \mathbb{R}^n$; $\vec{x} \mapsto A\vec{x}$ ist stets regulär, d.h. ihre Determinante ist von 0 verschieden. Die Abbildung heißt *orientierungstreu,* wenn $|A| > 0$ gilt. In diesem Fall wird eine positiv orientierte Basis durch f wieder auf eine positiv orientierte Basis abgebildet.

Orthonormalisierungsverfahren

(Nach E. Schmidt, 1876–1959). Eine Basis $\{\vec{a}_1, \vec{a}_2, \dots, \vec{a}_n\}$ in einem euklidischen Vektorraum V heißt *Orthonormalbasis,* wenn alle Basisvektoren die Länge 1 haben und paarweise orthogonal zueinander sind. Es muß also gelten: $\vec{a}_i \cdot \vec{a}_j = 0$ für $i \neq j$ und $\|\vec{a}_i\|^2 (= a_i \cdot a_i) = 1$ für $1 \leq i \leq n$.
Das Orthonormalisierungsverfahren gestattet, zu einer beliebigen Basis $\{\vec{b}_1, \vec{b}_2, \dots, \vec{b}_n\}$ eines euklidischen Vektorraumes eine Orthonormalbasis $\{\vec{a}_1, \vec{a}_2, \dots, \vec{a}_n\}$ zu konstruieren. Wir setzen

$$\vec{a}_1 := \frac{\vec{b}_1}{\|\vec{b}_1\|} \quad \text{und} \quad \vec{a}_2 := \frac{\vec{b}_2 - (\vec{b}_2 \cdot \vec{a}_1)\vec{a}_1}{\|\vec{b}_2 - (\vec{b}_2 \cdot \vec{a}_1)\vec{a}_1\|}.$$

Dann spannen $\vec{a}_1$ und $\vec{a}_2$ denselben Unterraum auf wie $\vec{b}_1$ und $\vec{b}_2$ $(\langle \vec{a}_1, \vec{a}_2 \rangle = \langle \vec{b}_1, \vec{b}_2 \rangle)$, es gilt $\|\vec{a}_1\| = \|\vec{a}_2\| = 1$ und $\vec{a}_1$ ist orthogonal zu $\vec{a}_2$.
Die geometrische Deutung ist Abb. 153 zu entnehmen.

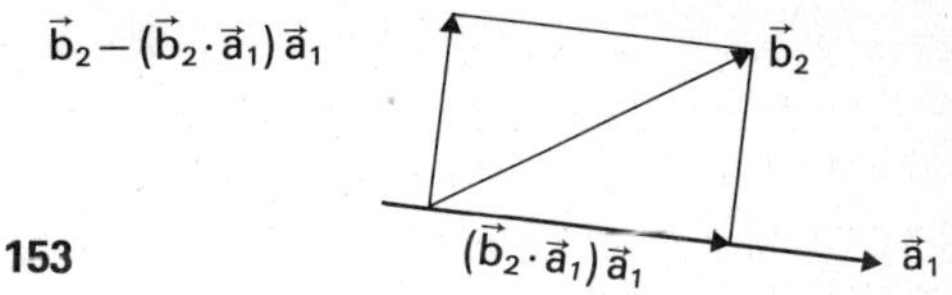

153

$\vec{a}_2$ ist ein Vielfaches der Komponente von $\vec{b}_2$, die zu $\vec{a}_1$ orthogonal ist. Setzt man

$$\vec{a}_3 := \frac{\vec{b}_3 - (\vec{b}_3 \cdot \vec{a}_1)\vec{a}_1 - (\vec{b}_3 \cdot \vec{a}_2)\vec{a}_2}{\|\vec{b}_3 - (\vec{b}_3 \cdot \vec{a}_1)\vec{a}_1 - (\vec{b}_3 \cdot \vec{a}_2)\vec{a}_2\|},$$

so gilt $\langle \vec{a}_1, \vec{a}_2, \vec{a}_3 \rangle = \langle \vec{b}_1, \vec{b}_2, \vec{b}_3 \rangle$, die Vektoren $\vec{a}_1, \vec{a}_2, \vec{a}_3$ sind paarweise orthogonal zueinander und sie haben die Norm 1.
Geometrisch ist $\vec{a}_3$ ein Vielfaches der Komponente von $\vec{b}_3$, die zu $\vec{a}_1$ und $\vec{a}_2$ orthogonal ist.

Die Fortsetzung des Verfahrens gemäß

$$\vec{a}_i := \frac{\vec{b}_i - \sum\limits_{j<i} (\vec{b}_i \cdot \vec{a}_j)\vec{a}_j}{\|\vec{b}_i - \sum\limits_{j<i} (\vec{b}_i \cdot \vec{a}_j)\vec{a}_j\|} \quad (i \leq n)$$

liefert eine Orthonormalbasis von V. Die Bedeutung der Orthonormalbasen ergibt sich aus 4.2.

Ortskurven

In 7.1 sind Ellipsen, Parabeln und Hyperbeln als geometrische Orte aller Punkte definiert worden, welche gewisse Eigenschaften haben:

Ellipse: Abstandssumme der Kurvenpunkte von zwei festen Punkten ist konstant;

Parabel: Abstände des Kurvenpunktes zu einer gegebenen Geraden und einem gegebenen Punkt sind gleich;

Hyperbel: Abstandsdifferenz der Kurvenpunkte von zwei festen Punkten ist konstant.

Die Kegelschnitte lassen sich noch auf andere Arten als Ortskurven definieren: Es sei eine Gerade g gegeben (wir wählen hierfür die x_2-Achse) und ferner ein Punkt A (wir wählen den Punkt $(a|0)$ mit $a>0$). Weiterhin sei eine positive Zahl k gegeben. Die Punkte, für welche das Verhältnis des Abstands zur Geraden g und des Abstands zum Punkt P den Wert k hat, bilden eine Kurve. Dies ist

für $k>1$ eine Ellipse,
für $k=1$ eine Parabel,
für $k<1$ eine Hyperbel.

Allgemein hat diese Kurve die Gleichung (vgl. Abb. 154)

$$\frac{x_1}{\sqrt{(x_1-a)^2+x_2^2}}=k$$

bzw.

$$(k^2-1)x_1^2-2ak^2x_1+k^2x_2^2=0.$$

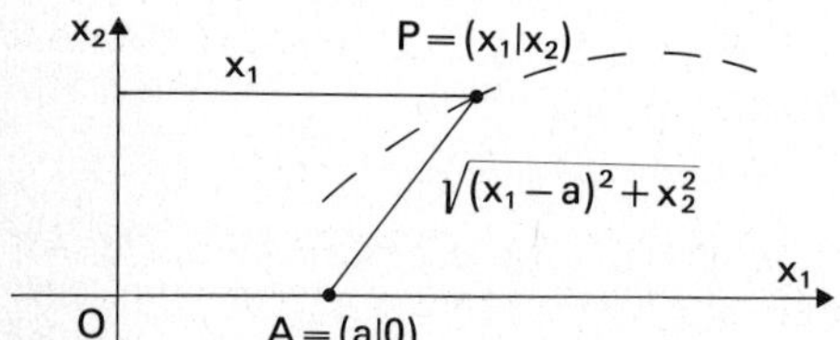

154

Es sei $a=1$. Für $k=2$ ergibt sich dann die Gleichung

$$3x_1^2-8x_1+4x_2^2=0.$$

Diese läßt sich umformen zu

$$\frac{\left(x_1-\frac{4}{3}\right)^2}{\left(\frac{4}{3}\right)^2}+\frac{x_2^2}{\left(\sqrt{\frac{4}{3}}\right)^2}=1,$$

stellt also eine Ellipse dar (Abb. 155). Für $k=1$ ergibt sich $x_2^2=2x_1$, also die Gleichung einer Parabel (Abb. 155). Man beachte, daß die hier getroffene Definition der Parabel mit der eingangs genannten übereinstimmt. Für $k=\frac{1}{2}$ erhält man

$$-\frac{3}{4}x_1^2-\frac{1}{2}x_1+\frac{1}{4}x_2^2=0,$$

was sich umformen läßt zu

$$\frac{\left(x_1+\frac{1}{3}\right)^2}{\left(\frac{1}{3}\right)^2}-\frac{x_2^2}{\left(\sqrt{\frac{1}{3}}\right)^2}=1.$$

Dies ist die Gleichung einer Hyperbel (Abb. 155).

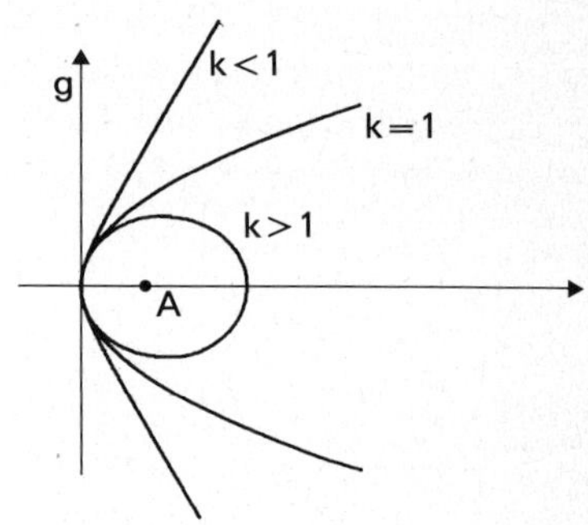

155

Wir nennen eine weitere Möglichkeit, die Kegelschnitte als Ortskurven zu definieren: Es sei ein Kreis gegeben, ferner ein Punkt A, der nicht auf dem Kreis liegt. Die Punkte, deren Abstand von dem Kreis gleich dem Abstand von A ist, bilden

eine Ellipse, wenn A im Innern des Kreises liegt,
eine Hyperbel, wenn A im Äußern des Kreises liegt.

Entartet der Kreis zu einer Geraden (Kreis mit „unendlich großem“ Radius), so erhält man in beiden Fällen eine Parabel. Wieder zeigt sich also die Parabel als Grenzlage zwischen Ellipse und Hyperbel.

Polare

Von einem Punkt P außerhalb eines Kreises k kann man zwei **Tangenten** an den Kreis legen. Die Verbindungsgerade der beiden Berührungspunkte heißt die *Polare zum Pol P bezüglich des Kreises k.* Die Gleichung der Polaren kann man mit Hilfe der Bezeichnungen in Abb. 156 vektoriell herleiten:

$\vec{p} \cdot (\vec{x} - \vec{b}) = 0$, also $\vec{p} \cdot \vec{x} = \vec{p} \cdot \vec{b}$.

Wegen $\vec{p} \cdot \vec{b} = (\vec{b} + (\vec{p} - \vec{b})) \cdot \vec{b} = \vec{b} \cdot \vec{b} = r^2$ ergibt sich die Polarengleichung

$\vec{p} \cdot \vec{x} = r^2$.

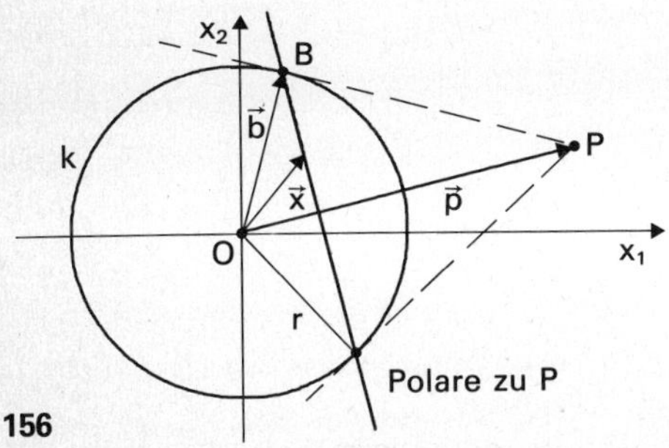

156

Durch diese Gleichung kann man auch eine Polare zu Punkten innerhalb des Kreises definieren. Liegt der Pol P auf dem Kreis, so ergibt sich die Gleichung der Tangente im Punkt P.
Die Polarengleichung lautet in Koordinatenschreibweise

$p_1 x_1 + p_2 x_2 = r^2$.

Hat der Kreis den Mittelpunkt M mit dem Ortsvektor $\vec{m}$, so lautet die Polarengleichung zum Pol P:

$(\vec{p} - \vec{m}) \cdot (\vec{x} - \vec{m}) = r^2$.

Der Begriff der Polaren läßt sich allgemein auch für Kegelschnittskurven (Ellipsen, Parabeln, Hyperbeln) definieren (Abb. 157).

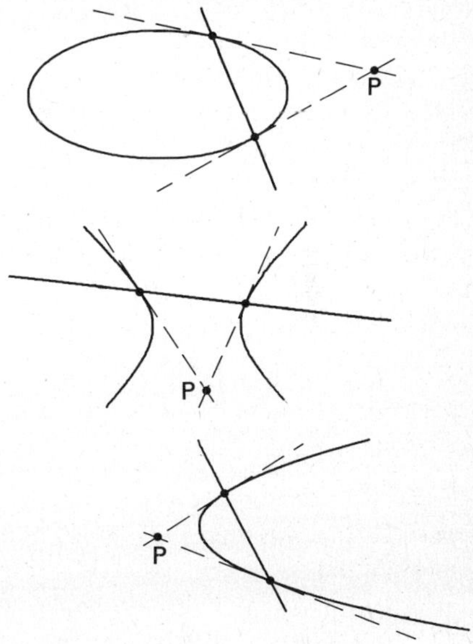

157

Die Polare zum Pol $(p_1|p_2)$ bezüglich der Ellipse mit der Gleichung $\frac{x_1^2}{a^2} + \frac{x_2^2}{b^2} = 1$ hat die Gleichung

$\frac{p_1 x_1}{a^2} + \frac{p_2 x_2}{b^2} = 1$.

Analog ist die Polare bezüglich der Hyperbel definiert. Für die Parabel mit der Gleichung $x_2^2 = 2 p x_1$ ergibt sich die Polarengleichung

$p_2 x_2 = p (p_1 + x_1)$.

Allgemein gilt für die Polaren eines Kegelschnitts: Liegt Q auf der Polaren zu P, so liegt P auf der Polaren zu Q (Abb. 158).

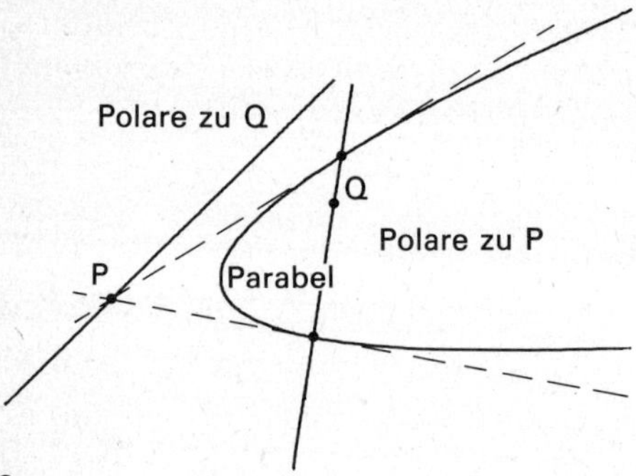

158

Bei **Flächen zweiter Ordnung** definiert man analog zum Begriff der Polaren bei Kegelschnitten den Begriff der *Polarebene.*

Rang

Es sei A eine Matrix mit m Zeilen und n Spalten. Wir fassen die Zeilen als Vektoren des $\mathbb{R}^n$ auf. Die Dimension des Unterraumes, der von den Zeilen aufgespannt wird, heißt *Zeilenrang* der Matrix.
Bei jedem Schritt des *Gaußschen Additionsverfahrens* gehen die Zeilen der „alten" und der „neuen" Matrix durch Linearkombination auseinander hervor. Daher bleibt der Zeilenrang in den einzelnen Schritten dieses Verfahrens unverändert. Hat die Matrix *Staffelgestalt* erreicht, so läßt sich der Zeilenrang als Anzahl der von Null verschiedenen Zeilen ablesen.
Die Dimension des Unterraumes, der von den Spalten der Matrix in $\mathbb{R}^m$ erzeugt wird, heißt *Spaltenrang* der Matrix. Spalten und Zeilenrang stimmen stets überein, man spricht daher kurz vom *Rang der Matrix* (Bezeichnung $\operatorname{rg}(A)$).
Der *Rang* $\operatorname{rg}(f)$ *einer linearen Abbildung*

$$f\colon \mathbb{R}^n \to \mathbb{R}^m, \quad \vec{x} \mapsto A\vec{x}$$

wird definiert als der Rang der zugehörigen Abbildungsmatrix A. Es gilt:

(1) Die Vektoren aus $\mathbb{R}^n$, die auf den Nullvektor von $\mathbb{R}^m$ abgebildet werden, bilden einen Unterraum von $\mathbb{R}^n$ mit Dimension $n - \operatorname{rg}(f)$.
(Der Unterraum ist der Lösungsraum des homogenen Gleichungssystems $A\vec{x} = \vec{o}$, man bezeichnet ihn auch als Kern (f)).

(2) Die Menge aller Bilder von f ist ein Unterraum von $\mathbb{R}^m$ mit der Dimension $\operatorname{rg}(f)$. Aus (1) und (2) ergibt sich der Dimensionssatz für lineare Abbildungen:

$$\dim(\operatorname{Kern}(f)) + \dim(\operatorname{Bild}(f)) = n.$$

Tangente

Die Tangente im Punkt B des Kreises mit der (Vektor-) Gleichung $\vec{x} \cdot \vec{x} = r^2$ hat die Gleichung $\vec{b} \cdot \vec{x} = r^2$ (Abb. 159).

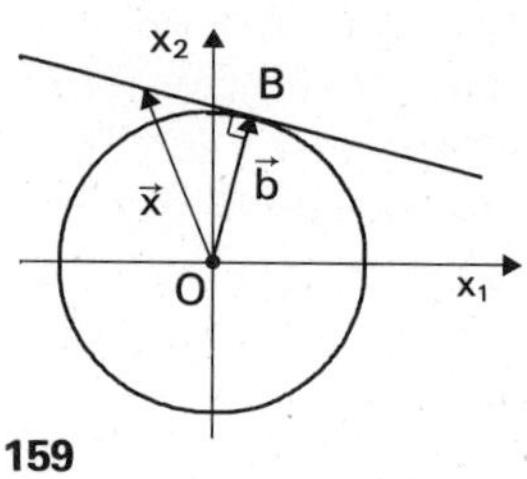

$$\vec{b} \cdot (\vec{x} - \vec{b}) = 0$$
$$\vec{b} \cdot \vec{x} = \vec{b} \cdot \vec{b}$$
$$\vec{b} \cdot \vec{x} = r^2$$

159

Für den Kreis mit dem Mittelpunkt M, also mit der Gleichung $(\vec{x} - \vec{m}) \cdot (\vec{x} - \vec{m}) = r^2$, ergibt sich die Tangentengleichung

$$(\vec{b} - \vec{m}) \cdot (\vec{x} - \vec{m}) = r^2.$$

Die Tangente an die Kurve mit der Gleichung

$$\frac{x_1^2}{a^2} + \frac{x_2^2}{b^2} = 1 \quad \text{(Ellipse)}$$

$$x_2^2 = 2px_1 \quad \text{(Parabel)}$$

$$\frac{x_1^2}{a^2} - \frac{x_2^2}{b^2} = 1 \quad \text{(Hyperbel)}$$

im Punkt $B=(b_1|b_2)$ lautet

$$\frac{b_1 x_1}{a^2}+\frac{b_2 x_2}{b^2}=1 \quad \text{bzw.}$$

$$b_2 x_2=p(b_1+x_1) \quad \text{bzw.}$$

$$\frac{b_1 x_1}{a^2}-\frac{b_2 x_2}{b^2}=1$$

Für **Flächen zweiter Ordnung** lassen sich analog Tangentialebenen in gegebenen Punkten ausrechnen.

Vektorraum

In 1.2 ist der Begriff des Vektorraums ausführlich besprochen worden. Genauer handelt es sich dabei um einen $\mathbb{R}$-Vektorraum, da die Skalare, mit denen man Vektoren vervielfachen darf, reelle Zahlen sein sollten. Statt $\mathbb{R}$ kann man auch einen beliebigen **Körper** K wählen und erhält dann einen *K-Vektorraum.* Hat der $\mathbb{R}$-Vektorraum V die Dimension n (vgl. 1.5), so ist er isomorph (vgl. **Isomorphie**) zum Vektorraum $\mathbb{R}^n$ der n-Tupel reeller Zahlen. In der Analysis spielen auch Vektorräume von unendlicher Dimension eine Rolle. Die Vektorräume $\mathbb{R}^2$ und $\mathbb{R}^3$ dienen zur algebraischen Beschreibung der ebenen und der räumlichen Geometrie („analytische Geometrie“).

Verkettung

Als *Verkettung* zweier Abbildungen bezeichnet man ihre Hintereinanderausführung: Sind

$$f: A\to B \quad \text{und} \quad g: B\to C$$

Abbildungen, so ist ihre Verkettung (Komposition) $g\circ f$ (lies „g verkettet mit f“ oder „g nach f“ oder „f eingesetzt in g“) folgendermaßen definiert:

$$g\circ f: A\to C$$

$$(g\circ f)(x)=g(f(x))$$

In der Verkettung $g\circ f$ ist also zuerst die Abbildung f, danach die Abbildung g auszuführen.
Die Verkettung $g\circ f$ kann man nur bilden, wenn die Bildmenge von f in der Definitionsmenge von g liegt. Das Verketten von Abbildungen ist assoziativ, d.h. für Abbildungen

$$f: A\to B, \quad g: B\to C, \quad h: C\to D$$

gilt

$$h\circ(g\circ f)=(h\circ g)\circ f.$$

Das Verketten von Abbildungen ist i. allg. nicht kommutativ, d.h. die Gleichung $f\circ g=g\circ f$ gilt nur in Ausnahmefällen. Ist die Abbildung $f: A\to B$ umkehrbar, existiert also eine Umkehrabbildung $f^{-1}: B\to A$, so ist

$$f^{-1}\circ f=id_A \quad \text{und} \quad f\circ f^{-1}=id_B.$$

Dabei bedeutet allgemein id_M die identische Abbildung auf der Menge M.
Sind lineare Abbildungen endlichdimensionaler Vektorräume durch ihre Matrizen dargestellt, so entspricht dem Verketten der Abbildungen das Multiplizieren der Matrizen (vgl. 6.3).

Index